变电站运行与检修技术丛书

110kV 变电站
变电运维技术

丛书主编　杜晓平

本书主编　杜晓平　郭伯宙

中国水利水电出版社
www.waterpub.com.cn

内 容 提 要

本书是《变电站运行与检修技术丛书》之一。本书结合多年来现场工作的宝贵经验，主要介绍了 110kV 变电站变电运维技术。全书共分 10 章，分别介绍了概述，交接班，设备巡视，操作票管理，倒闸操作，工作票管理，缺陷管理，变电设备异常、事故处理，新设备投产运行准备和防小动物工作管理等内容。

本书既可作为从事变电站运行管理、检修调试、设计施工和教学等相关人员的专业参考书和培训教材，也可作为高等院校相关专业师生的教学参考用书。

图书在版编目（ＣＩＰ）数据

110kV变电站变电运维技术 / 杜晓平，郭伯宙主编
. -- 北京 ：中国水利水电出版社，2016.1(2023.2重印)
（变电站运行与检修技术丛书 / 杜晓平主编）
ISBN 978-7-5170-3976-1

Ⅰ．①1⋯ Ⅱ．①杜⋯ ②郭⋯ Ⅲ．①变电所－电力系统运行②变电所－维修 Ⅳ．①TM63

中国版本图书馆CIP数据核字(2016)第006531号

书　　名	变电站运行与检修技术丛书 **110kV 变电站变电运维技术**
作　　者	丛书主编　杜晓平 本书主编　杜晓平　郭伯宙
出版发行	中国水利水电出版社 （北京市海淀区玉渊潭南路 1 号 D 座　100038） 网址：www.waterpub.com.cn E-mail：sales@mwr.gov.cn 电话：(010) 68545888（营销中心）
经　　售	北京科水图书销售有限公司 电话：(010) 68545874、63202643 全国各地新华书店和相关出版物销售网点
排　　版	中国水利水电出版社微机排版中心
印　　刷	天津嘉恒印务有限公司
规　　格	184mm×260mm　16 开本　12 印张　285 千字
版　　次	2016 年 1 月第 1 版　2023 年 2 月第 2 次印刷
印　　数	4001—5500 册
定　　价	**78.00** 元

凡购买我社图书，如有缺页、倒页、脱页的，本社营销中心负责调换
版权所有·侵权必究

《变电站运行与检修技术丛书》
编　委　会

丛书主编　杜晓平

丛书副主编　楼其民　李　靖　郝力军　王韩英

委　　员（按姓氏笔画排序）

王瑞平　方旭光　孔晓峰　吕朝晖　杜文佳

李有春　李向军　吴秀松　应高亮　张一军

张　波　陈文胜　陈文通　陈国平　陈　炜

邵　波　范旭明　周露芳　郑文林　赵寿生

郝力飙　钟新罗　施首健　钱　肖　徐军岳

徐街明　郭伯宙　温佶强

本书编委会

主　　编　杜晓平　郭伯宙

副主编　徐街明　范旭明　虞明智　李一鸣

参编人员（按姓氏笔画排序）

王　了　邓笑天　江世进　汤　忠　许宵明

李春春　何跃亮　陈　俊　邵光明　周勤跃

郝力飙　胡　平　俞　健　钱静明　龚渝宁

盛献飞　梁勋萍　蒋吉荪　雷宝辉　潘宏伟

魏　翔

前　　言

全球能源互联网战略不仅将加快世界各国能源互联互通的步伐，也势必强有力地促进国内智能电网快速发展，许多电力新设备、新技术应运而生，电网安全稳定运行面临着新形势、新任务、新挑战。这对如何加强专业技术培训，打造一支高素质的电网运行、检修专业队伍提出了新要求。因此我们编写了《变电站运行与检修技术丛书》，以期指导提升变电运行、检修专业人员的理论知识水平和操作技能水平。

本丛书共有六个分册，分别是《110kV 变电站保护自动化设备检修运维技术》《110kV 变电站电气设备检修技术》《110kV 变电站电气试验技术》《110kV 变电站开关设备检修技术》《110kV 变压器及有载分接开关检修技术》以及《110kV 变电站变电运维技术》。作为从事变电站运维检修工作的员工培训用书，本丛书将基本原理与现场操作相结合、理论讲解与实际案例相结合，立足运维检修，兼顾安装维护，全面阐述了安装、运行维护和检修相关内容，旨在帮助员工快速准确判断、查找、消除故障，提升员工的现场作业、分析问题和解决问题能力，规范现场作业标准化流程。

本丛书编写人员均为从事一线生产技术管理的专家，教材编写力求贴近现场工作实际，具有内容丰富、实用性和针对性强等特点。通过对本丛书的学习，读者可以快速掌握变电站运行与检修技术，提高自己的业务水平和工作能力。

本书是《变电站运行与检修技术丛书》的一本，主要内容包括：概述，交接班，设备巡视，操作票管理，倒闸操作，工作票管理，缺陷管理，变电设备异常、事故处理，新设备投产运行准备和防小动物工作管理等内容。

在本套书的编写过程中得到过许多领导和同事的支持和帮助，使内容有了较大改进，在此向他们表示衷心的感谢。本丛书的编写参阅了大量的参考文献，在此对其作者一并表示感谢。

由于编者水平有限，书中疏漏和不足之处在所难免，敬请广大读者批评指正。

编者

2015 年 11 月

目　　录

附　　录

第1章 概　　述

1.1　电力系统简介

1.1.1　电力系统的概念

1882 年英国伦敦建成世界第一座发电厂和原始的直流电力线路，同年法国人德普列茨提高了直流输电电压，使电力输送电压升至 1500～2000V，输送功率达到 2kW，输送距离可达 57km，在电力工业史上被公认为第一个电力系统。随着社会发展和用电负荷的增加，电力系统规模不断扩大，逐步形成现代电力系统。电力系统是一个由发电厂、电网及电力用户通过电气连接组成的网络，整个网络包含发电、输电、变电、配电、用电的全过程。从电力系统的运行环节上区分，整个系统可分为发电部分、电网部分以及用户。发电部分主要由动力设备、发电设备和电压转换设备（即变压器）组成，为电力系统的始端，完成了将各种形式的能量转换为电能并将电压变换至满足电网传输的要求。电网部分主要由高压输电线路、变电站以及配电输电线路组成，为电力系统的中间过程，完成了电能从发电厂到用户的输送过程。用户主要由配电变压器、用户设备等组成，为电力系统的终端，是电力能源的消耗。

1.1.2　电力生产的特点

电能作为一种工业产品，其本身的特性决定了电力生产与其他工业存在以下不同的特点：

（1）电能资源不易存储。电能的生产是一种将热能、核能、风能、太阳能等能量形式转换成电能的过程，它要求电能的生产与消耗同时完成。虽然科研技术人员对电能的存储进行了大量的研究，在一些电能储存的方式上也有了一定的突破，但是对于电能大容量存储的问题目前尚未得到有效的解决，因此电能不易大规模存储是电能生产的最大特点。

（2）电能生产与国民经济和人民生活关系密切。电能作为一种清洁、可靠的能源，在现代工业、农业、军事、交通、通信等行业以及家用方面得到广泛应用。随着现代社会的发展，各行业的电气化、自动化、信息化程度不断提高，对电能资源的依赖也不断提高。

（3）电力系统中发电、输电、变电、配电、用电是一个不可分割的整体，电能的生产不能缺少其中的任何一个环节。

（4）电能传输暂态过程非常短暂。电是以光速进行传输，电网运行状态的变化所引起的暂态过程非常迅速。在电力系统中进行的正常操作（比如变压器的投切）在极短的时间内完成，系统出现的故障和发展进程也非常短暂，一般都在毫秒甚至微秒的计量时间内完成。

1.1.3　电力系统运行的要求

随着国民经济的不断发展，用电需求不断增加，电力系统与国民经济和生活的关系也越来越密切。电力系统的可靠、安全、优质及经济运行，直接影响国民经济和生活的平稳发展。因此，必须保证电力系统安全、可靠运行，必须满足以下方面的要求：

（1）满足社会的用电需求。电力生产应最大限度地满足用户的用电需求，为社会经济的建设和发展提供充足的电力供应。为保证经济建设和发展的需要，电力建设必须按照电力先行原则，做好电力系统发展规划，保证电力装机容量和电网建设与社会用电需求相一致。

（2）保证电力供应的可靠性。供电可靠性是电力系统运行的一项重要任务。通过提高电力装置容量、完善电网结构、提高电力设备安全运行水平，提高用户供电不间断的能力。供电可靠性也是电力系统运行的主要指标之一。

（3）保证电力供应的质量。考核电能质量主要指标是频率、电压和波形，保证电能质量主要就是维持电压、频率和波形在一定的标准范围之内。不合格的电能质量不仅影响电力用户设备的安全，同时也对电网的安全运行造成影响。

（4）提高电力系统运行的经济性。提高电力系统运行的经济性，就是在电能生产、传送过程中提高效率、降低损耗，最大限度地提高电能生产的经济性。

1.1.4　电力系统大电网运行的优点

随着电力工业水平的提高，大电网建设是电力系统发展的趋势。大电网在实际运行中具有十分显著的优势，极大提高了电力系统运行的安全性、可靠性和经济性。主要优点如下：

（1）有利于资源开发和利用。大电网的建设和运行，特别的特高压电网投入，实现了电能的超长距离传输，解决了能源基地与用电需求之间距离过长的问题，为开发利用各类能源提供了有利的条件。

（2）有利于大容量、大机组的安装。大容量、高效能发电机组有利于降低单位千瓦的设备投资，降低设备损耗，节约能源。大电网运行能有效降低大容量机组的运行风险，为大机组投运创造有利的条件。

（3）利用时间差错峰，减少备用容量，节省全网总装机容量。大电网运行可利用地域用电高峰时间差有效错开用电高峰，降低电网的尖峰负荷，减少系统的备用容量。

（4）有利于提高抵抗事故能力。大电网各区域间可实现互为备用，提高电网的可靠供电能力。

（5）有利于改善电能质量。在系统出现较大负荷波动时，如果系统容量小，可能引起系统频率或电压波动，降低电能质量。大电网运行系统容量巨大，在大负荷波动时对系统频率和电压影响较小，能够降低对电能质量的影响。

1.1.5　智能电网的发展

随着电力技术和通信技术的发展，国家提出了建设智能电网的目标。智能电网以物理电网为基础（中国的智能电网是以特高压电网为骨干网架、各电压等级电网协调发展的坚强电网为基础），将先进的传感测量技术、通信技术、信息技术、计算机技术和控制技术与物理电网高度集成而形成的新型电网。它以充分满足用户对电力的需求和优化资源配置，确保电力供应的安全性、可靠性和经济性，满足环保约束，保证电能质量，适应电力市场化发展等为目的，实现对用户可靠、经济、清洁、互动的电力供应和增值服务。

与传统电网相比，智能电网的优势如下：

（1）具有坚强的电网基础体系和技术支撑体系，能够抵御各类外部干扰和攻击，并适应大规模清洁能源和可再生能源的接入，电网的坚强性得到巩固和提升。

（2）信息技术、传感器技术、自动控制技术与电网基础设施有机融合，可获取电网的全景信息，及时发现、预见可能发生的故障。故障发生时，电网可以快速隔离故障，实现自我恢复，从而避免大面积停电的发生。

（3）柔性交/直流输电、网厂协调、智能调度、电力储能、配电自动化等技术的广泛应用，使电网运行控制更加灵活、经济，并能适应大量分布式电源、微电网及电动汽车充放电设施的接入。

（4）通信、信息和现代管理技术的综合运用，将大大提高电力设备使用效率，降低电能损耗，使电网运行更加经济和高效。

（5）实现实时和非实时信息的高度集成、共享与利用，为运行管理展示全面、完整和精细的电网运营状态图，同时能够提供相应的辅助决策支持、控制实施方案和应对预案。

（6）建立双向互动的服务模式，用户可以实时了解供电能力、电能质量、电价状况和停电信息，合理安排电器使用；电力企业可以获取用户的详细用电信息，为其提供更多的增值服务。

1.2　变 电 站 简 介

1.2.1　变电站的概念

变电站是电力系统中连接发电厂与电力用户的重要节点，发电厂要将生产的电能远距离传输就需要将电压升高，电能要送到用户附近，满足用户电气设备电压要求就需要将电压降低，这种电压升高、降低的工作就是由变电站来完成。变电站在电力系统中除了升高和降低电压外，还是系统负荷分配、控制电流流向、连接不同电压等级电网的场所。

为满足电网经济运行需要，在电力系统中分布着各种不同类型的变电站。根据电压变换的不同变电站可分为升压变电站和降压变电站。升压变电站一般都在送电端，为实现电能的远距离传输，将发电机组输出的电压通过升压变电站升高至高压或特高压进入电网，而降压变电站一般在受电端，在电能输送至用电区域时根据电能输送和用电设备要求，将高压或特高压降低。

在电力系统中，根据变电站在系统中的作用和地位可分为枢纽变电站和终端变电站。枢纽变电站一般连接多个电源点，是电能输送的枢纽点。枢纽变电站出现事故全停时，对系统可造成重大影响，甚至引起系统解列和崩溃，该类变电站电压等级一般为220～

1000kV。终端变电站为受电终端，经过变电站电压变换后可直接为用户提供电能。终端变电站出现事故全停，对系统影响不大，可能会造成部分用户停电，该类变电站电压等级一般为35～110kV，随着电网结构完善，部分220kV变电站也逐步成为终端变电站。

1.2.2 变电站设备

变电站内的电气设备分为一次设备和二次设备，一次设备指直接生产、输送、分配和使用电能的设备，二次设备指对一次设备和系统的运行工况进行测量、监视、控制、保护的设备。下面对变电站内的主要设备进行简单的介绍。

1.2.2.1 一次设备

变电站一次设备主要包括变压器、高压断路器、隔离开关、互感器（电流互感器、电压互感器）、母线、避雷器、避雷针、电容器、电抗器等。

（1）变压器。变压器是变电站的核心设备，它连接几个电压等级，并起到电压变换和能量传输的作用。

（2）高压断路器。高压断路器是变电站的重要设备之一，可用于接通和切断正常负荷电流，也可用于接通和切断短路电流。

（3）隔离开关。隔离开关与高压断路器相比缺少灭弧部分，它可与高压断路器配合进行倒闸操作调整运行方式，为设备检修隔离有电和无电部分提供明确断开点，也可切断小电流。

（4）互感器。互感器是联系一次系统与二次系统的设备，它将一次系统的高电压和大电流变换为测量、计量、保护、控制等二次系统可使用的低电压和小电流。

（5）母线。母线是变电站的负荷汇集点，电源点将电能输送至变电站母线，由母线上各分支回路进行分配输出。

（6）避雷器、避雷针。避雷器、避雷针为变电站的一次防雷设备，避雷器主要用于防止雷行波侵入变电站内部损坏变电设备，同时防止倒闸操作过程中出现的过电压，避雷针主要用于防止雷击。

（7）电容器、电抗器。电容器、电抗器等补偿设备主要用于调节系统的无功功率，稳定网络电压和功率因数，提高电能质量。

1.2.2.2 二次设备

变电站的二次设备是指对一次设备和系统的运行工况进行测量、监视、控制和保护的设备，它主要由包括继电保护装置、自动装置、测控装置、计量装置、自动化系统以及为二次设备提供电源的直流设备。

（1）继电保护装置。继电保护装置用于在一次设备出现故障时控制高压断路器正确、迅速、可靠地隔离故障点。

（2）自动装置。自动装置是按预先的设定条件，在系统达到此条件时自动完成系统方式调整。

（3）测控装置。测控装置是完成变电站一次设备和公用部分信号的采集、测量和控制功能的装置。

（4）计量装置。计量装置是完成变电站各间隔电能传输的采集和计算装置。

（5）自动化系统。自动化系统也叫综合自动化系统，就是将变电站的二次设备（包括仪表、信号系统、继电保护、自动装置和远动装置）经过功能的组合和优化设计，利用先进的计算机技术、现代电子技术和通信设备及信号处理技术，实现对全变电站的主要设备和输配电线路的自动监视、测量、自动控制和微机保护以及与调度通信等综合性的自动化功能。

1.2.3 变电站的发展

从第一个真正意义上的电力系统建立开始就出现了变电站，变电站作为电力系统不可或缺的部分，与电力系统共同发展了100多年，在这100多年的发展历程中，变电站在建造场地、电压等级、设备情况等方面都发生了巨大的变化。

在变电站的建造场地上，由原来的全部敞开式户外变电站，逐步出现了户内变电站和一些地下变电站，变电站的占地面积与原来的敞开式户外变电站相比缩小了很多。

在电压等级上，随着电力技术的发展，由原来以少量110kV和220kV变电站为枢纽变电站，35kV为终端变电站的小电网输送模式，逐步发展成目前以特高压1000kV变电站和500kV变电站为枢纽变电站，220kV、110kV变电站为终端变电站的大电网输送模式。

在电气设备方面，一次设备由原来敞开式的户外设备为主，逐步发展到全封闭气体组合电器（GIS）和半封闭气体组合电器（HGIS）；二次设备由早期的晶体管和集成电路保护发展到微机保护。

1.2.4 智能变电站

随着电力技术和信息通信技术发展，以及国家对智能电网的建设和发展，变电站也由综合自动化变电站向智能变电站的方向转变。智能变电站采用先进、可靠、集成、低碳、环保的智能设备，以全站信息数字化、通信平台网络化、信息共享标准化为基本要求，自动完成信息采集、测量、控制、保护、计量和监测等基本功能，并可根据需要支持电网实时自动控制、智能调节、在线分析决策、协同互动等高级功能，实现与相邻变电站、电网调度等的互动。

智能变电站与传统变电站区别主要在于以下方面：

（1）采用IEC 61850通信规约，形成了统一的标准，实现了各厂家设备的无缝连接。

（2）采用光纤传输通道，解决了由于电压、电流二次负载、大影响测量精度的问题。

（3）采用电子式或光学互感器，解决了传统互感器磁饱和的问题。

（4）采用了功能强大的一体化平台，实现了传统变电站防误、消防防盗报警、后台监控、在线监测等系统在同一平台的集成和数据交换。

1.2.5 变电运行

变电运行是一项负责变电站设备运行、事故处理及变电设备倒闸操作的工作。变电运行是保证电网设备安全运行的一项重要工作，在日常变电运行工作中，变电运行工通过对设备的巡视检查、日常维护、设备监视等方式及时掌握设备运行情况，保证变电设备安全、可靠运行。

变电运行采取 24h 值班模式，以保证设备维护、异常事故处理的及时性。随着变电站数量的快速增长，原有的变电运行工数量已无法满足变电站有人值班模式。因此为满足变电站运行 24h 值班的要求，值班模式也进行了相应改革，目前一般采用集中监视，多个变电站组成运维班的模式，即变电站实现无人值班，以某个变电站为中心，与周边一定区域内变电站共同由一个运维班负责变电运行。

变电运行工作主要可分为设备管理、安全管理、技术管理、运行管理等四个方面，这四个方面的工作相辅相成、相互联系。变电运行工作非常严谨，为保证变电运行工作的安全，各项工作都有相对应的工作要求、工作内容和工作流程。变电运行的主要工作包括交接班、设备巡视、倒闸操作、工作票、缺陷管理、异常及事故处理及新设备的投产等。

第2章 交 接 班

2.1 工 作 要 求

2.1.1 变电站各岗位职责

运维班虽然是电力系统中最基层的班组，但正常运转也少不了彼此的分工合作。运维班中主要有班长、副班长、安全员、技术员、值长、正值班员、副值班员七个岗位，各自承担的工作如下：

（1）班长。其工作职责如下：

1）班长是变电运维班安全运行的第一责任人，全面负责本班工作。

2）督促全班人员严格执行各项规章制度，组织开展季节性安全大检查、安全性评估、危险点分析和预控等工作，及时制止、纠正各种不安全行为和违章、违纪的行为。

3）组织召开每月 1～2 次的全班集中学习活动，检查、布置、落实全班人员岗位责任制及各项工作的完成情况和规章制度的执行情况，对本班人员进行工作和业务考核。

4）编制年、季、月度工作计划、值班轮值表和设备巡视、维护、带电检测周期表，并认真督促执行；负责审核上报的总结及各类报表、数据资料。

5）组织对现场运行规程、典型操作票和有关规定制度的编制、修订和年度审查核对工作，遇有新设备验收、启动、投运和重大事故处理等，应亲自组织、指挥、参与。

6）参与所辖范围内变电站的事故调查，主持本班各类事件的运行分析，提出反事故措施和方案。

7）结合变电运维班实际，每季组织开展反事故演习和应急预案演练，提高班内变电运维人员的事故异常处理能力和应急反应能力。遇节假日、重大事件、恶劣气候等，应提出、落实保证供电安全的有关措施和要求。

8）掌握所辖各变电站现场施工、检修工作情况；每月至少参加 1 次交接班和所辖变电站的设备巡视，每天查阅运维值班日志和有关记录，及时、全面了解和掌握生产运行情况。

9）负责本班的交通安全管理。

（2）副班长。其工作职责如下：副班长负责协助班长做好变电运维班的安全、技术管理工作。完成班长指定的工作，班长不在时履行班长职责。

（3）安全员。其工作职责如下：

1）组织开展本班安全活动，分析班内的安全情况并提出改进措施，负责督促检查存在问题的落实整改情况。

2）掌握设备及人员的情况，检查并督促严格执行各项规章制度。

3）每天查阅运维值班日志，监督、检查"两票、三制"的执行情况，每月对已执行的操作票、工作票进行评价、考核。当发生事故和重大异常情况时，应及时到现场进行安全监督和指导。

4）负责本班安全工器具的管理。

5）协助做好本班车辆的交通安全。

6）负责本班治安、消防和环保设施的管理和培训工作，定期组织消防和治安突发事件应急演练，落实治安、消防和环保设施隐患的整治工作。

7）协助开展本班的季节性安全大检查、安全性评估、危险点分析和预控等工作。

（4）技术员。其工作职责如下：

1）本班技术管理负责人，在班长的领导下，分管技术管理和技术培训工作。

2）负责编写、修订现场运行规程、典型操作票和事故处理应急预案等；定期组织运行技术分析，制定保证安全的组织和技术措施。

3）负责各种设备技术资料、台账、图纸的管理；建立健全设备台账和技术档案。

4）负责设备缺陷管理、设备评级（设备评价）、信息维护等有关业务技术工作和报表的审核、报送、管理工作，并督促消缺。

5）参与新、扩、改建工程的设计审核、验收和投运，负责做好新设备验收、启动、投运前的各项生产准备工作。

6）制订年、季（月）度培训计划并组织实施，定期对变电运维人员进行业务技术考试；完成本班人员的技术培训工作，建立培训档案。

7）每天查阅值班运维日志，及时分析、处理异常运行情况和技术问题，做好危险点分析与预控。

8）负责防误闭锁装置的使用、管理，及时统计、上报防误闭锁装置的安装、使用情况。

（5）值长。其工作职责如下：

1）值长是当值时间内运维、操作及事故处理的负责人，全面掌握所辖变电站运行方式及设备状态，合理安排当值人员在上班期间完成相关运维工作。

2）做好交接班工作，填写值班日志，督促本值人员做好有关记录。

3）负责与调控中心之间的工作与业务联系，接受其转发或下发的调度预令，领导全值执行调度命令，及时、正确地完成各项倒闸操作任务。

4）当所辖变电站发生事故或异常情况时，迅速做出正确的分析、判断，服从调度指挥，按规定接受或转接调度命令，安排当值人员及时处理。

5）所辖变电站特殊运行方式及负荷高峰期间，应做好事故预想，调控中心告知设备超载运行或异常运行时应及时记录，并安排人员到现场进行检查、特巡。

6）审核操作票、受理和审查工作票，并参加验收工作。安排当值人员按规范正确、完善地做好检修、施工现场的安全措施。

7）负责当值期间的车辆调配，确保正常巡视和维护工作的正常开展。

（6）正值班员。其工作职责如下：

1）在值长领导下开展工作，协助值长做好调控中心与变电站现场之间的工作、业务联系，做好当值期间的文明生产，交接班准备等工作。

2）负责做好所辖变电站的日常运行维护工作，发现缺陷及时汇报并做好相关记录。

3）负责填写、审核操作票，及时、正确地完成各项倒闸操作任务。

4）受理各站的工作票，做好工作许可、验收、终结等工作。

5）在发生事故或异常情况时，迅速赶赴现场，及时向相关调控中心汇报。按规定进行正确合理的事故处理。

6）可担任维护性工作负责人，对工作的现场安全和质量负责。

7）值长不在时，代行值长职责。

（7）副值班员。其工作职责如下：

1）做好所辖变电站的日常运行维护工作，发现缺陷及时汇报并做好记录。

2）负责操作票的填写，在值长或正值监护下正确完成各项倒闸操作任务。

3）协助正值填写相关记录，做好工作许可、验收、终结等工作。

4）在值长或正值的带领下，对事故及异常进行处理。

5）负责安全工器具、钥匙、备品备件等的使用管理。

6）可担任维护性工作的工作班成员，在工作负责人指挥下完成维护性工作。

7）做好当值期间的资料整理、清洁卫生和各项辅助工作。

2.1.2 交接班工作要求

1. 交接班工作职责

为保证电网安全可靠运行，确保广大用户安全可靠地用电，变电运维站需24h有人值守，采用倒班制的上班模式，因此存在交班值和接班值。交班值与接班值之间做好交接工作是保证连续安全生产运行的前提条件。为做好交接班工作，交班值与接班值分别有以下职责：

（1）交班值的职责有以下方面：

1）负责检查当值期间的各项工作完成情况。

2）负责向接班值交待工作情况，必要时作详细说明。

3）负责处理交接班过程中的突发事件。

4）负责检查接班人员的精神状况是否良好。

（2）接班值的职责有以下方面：

1）掌握变电所运行方式、设备状况及各项工作情况。

2）负责检查各项工作情况是否与交班一致。

3）协助处理交接班过程中的突发事件。

2. 交接班工作要点

交接班时交、接双方人员应全部参加，列队交接。未办完交接手续之前，不得擅离职守。各班组应按规定明确正常的交接班时间，预先安排好值班轮值表。值班人员应遵循值班轮值表进行交接班，不得擅自调班。到交接班时，如接班人员尚未来接班，交班人员应坚守工作岗位，并立即报告班长或本部门领导，做好安排。个别因特殊情况而迟到的接班人员，同样应履行接班手续。

交接班前、后 30min 内，一般不进行重大操作和工作许可。但在处理事故或倒闸操作时，原则上不得进行交接班；交接班时发生事故，应停止交接班，由交班人员处理，接班人员在交班值长指挥下协助工作，待工作告一段落后重新履行交接班手续。

交班值长按交接班内容向接班人员交待情况，接班人员在交班人员陪同下进行重点检查，同时交班值长或指定人员负责监盘。接班人员将检查结果互相汇报，认为可以接班时，亲自签名后，方可接班。如果交接班巡视检查中发现设备缺陷，由接班值负责填写有关记录。遇下列情况接班人员有权拒绝接班：

（1）交班值正在进行倒闸操作及许可、终结、验收工作尚未告一段落。

（2）交班值正在事故处理，尚未告一段落或虽告一段落但未征得调度同意。

（3）交班人员未做好交接班准备。

（4）交班人员未办完交接班手续就离开工作岗位。

（5）交班人员未重新整理好接班人员发现的问题。

接班后，由值长主持召开班会，填写接班记录并根据天气、运行方式、工作情况、设备情况等安排本值工作，做好事故预想。

对运维班所管辖的少人值班变电站，其交接班时间原则上应与运维班同步，并履行交接手续。交接班结束后，接班人员应及时与运维班汇报联系。

对当值期间值班员中途下班、中途换人的情况必须做好相关交接手续，在"运维日志"上做好记录并签名。值长不宜中途下班或调换，特殊情况可由同级人员接替，履行相同手续。

2.2 工 作 内 容

交接班作为一项承前值启后值的重要工作，但凡出现一点内容上纰漏，也会影响到后值工作的正常开展，因此对交接班的内容规定如下：

（1）所辖各变电站的运行方式及设备状态。

（2）系统的事故、异常、缺陷及其处理情况和意见，本班内遗留的问题和下一班应注意事项。

（3）倒闸操作任务执行情况，工作票的许可、终结及验收情况。

（4）待执行的工作票和操作预令票。

（5）定期切换试验完成情况。

（6）各变电站接地线（接地闸刀）的装设情况。

（7）设备缺陷的发现、记录、汇报和处理意见及消缺情况、危急缺陷督促有关部门反馈情况。

（8）设备接线变更情况、继电保护方式和定值更改情况、继电保护及自动装置的动作情况、运维班后台及各变电站当地后台的运行情况。

（9）各种记录及运行报表、信息打印情况，设备技术资料、图纸、试验报告、保护整定单等情况。

（10）上级和调度的指示、通知、文件和资料。

（11）运维班本部安全工器具和通信、录音设备及其他工器具的完好情况。

（12）各变电站钥匙、防误闭锁装置钥匙的完整性和使用情况。

2.3 工　作　流　程

为使交接班工作顺利完成，必须要有严谨的工作流程，如图 2-1 所示。

具体工作流程说明如下：

（1）交班准备。具体包括以下方面：

1）交班值做好本值日常工作检查，倒闸操作、工作票执行情况检查；

2）图板、运行方式核对；安全用具、工器具、图纸资料检查；

3）文明生产完成情况检查。

（2）接班准备。接班值做好接班人员着装准备，做好接班人员岗位分工。

（3）站队交接。交接班双方各自站立一行（边），由交班值长根据《运行日志》内容逐一介绍从接班值上次下班到本次接班时段中所发生的有关事项，各项操作任务（命令）的执行情况和未完成的操作任务及

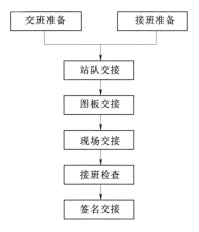

图 2-1　工作流程图

调度的操作预令，工作票的许可、执行情况和尚在进行工作情况，现场接地线（接地闸刀）装设情况，交班值的正、副值班员可进行补充。

（4）图板交接。交班值长在一次系统主接线模拟图板和其他有关图板前对接班人员进行图板交接，重点是运行中设备的状态及接地线的位置、数量等。

（5）现场交接。现场交接是对变动、操作、工作过的一、二次设备，自动化设备等和新发现的设备缺陷及带严重缺陷运行的设备，由交班人员会同接班人员到现场进行核对性交接检查。重点为检查现场安全措施、存在的接地线、设备缺陷及异常情况、二次设备的状态等。

（6）接班检查。在接班值长的指挥下，接班人员按既定的岗位职责和分工，对一、二次设备，自动化设备等及有关记录进行试验和检查，发现缺陷及时上报处理。

（7）签名交接。先由接班值按值长、正值班员、副值班员的顺序签名后交班值按岗位顺序签名及交班时间。

第3章 设 备 巡 视

设备巡视是指在设备正常状态下，从设备的相关状况发现并判断变电设备有无异常的过程，是发现运行设备是否存在异常、隐患的重要方法。变电站、运维站（班）应按设备的实际位置确定科学、合理的巡视检查路线和检查项目。按"三定"原则（即定路线、定时间、定人员）对全站设备进行认真的巡视检查，提高巡视质量，及时发现异常和缺陷，并汇报调度和上级有关部门。只有切实做好巡视工作，提高设备巡视的质量，才能及时发现、消除设备缺陷，预防事故发生，为变电所的正常、可靠、经济运行提供有力的保障。

3.1 工 作 要 求

3.1.1 设备巡视的分类及要求

变电站的设备巡视检查，一般分为正常巡视、交接班巡视、全面巡视、熄灯巡视、特殊巡视和站（班）长巡视。

1. 正常巡视

（1）巡视周期。按变电站有、无人值守分类进行。其中：有人值守变电站，每天至少巡视两次；无人值守变电站中 110kV 及以下变电站每周至少巡视一次。

（2）巡视要求。正常巡视检查应按变电站现场运行规程中制定的检查项目（内容）进行。设备巡视后，应将巡视检查情况记入值班日志或巡视检查维护记录，并做好相关数据的记录。无人值守变电站巡视时，应对无人值守变电站的安全用具、生产工具、备品备件、防火防盗、通信、钥匙等设施进行检查，对无人值守变电站已布置的安全措施进行检查。对于具有远程巡视功能的运维站（班），变电运维人员应每天利用监控系统、视频监控等系统进行远程巡视，检查所辖无人值守变电站的各类设备运行及安全情况。

2. 交接班巡视

（1）巡视周期。以各运维站（班）交接周期为准，每次交接班时进行。

（2）巡视要求。在交接班时，对上一班变动、操作、工作过的一、二次设备，自动化设备等和新发现的设备缺陷及带严重缺陷运行的设备，由交班人员陪同接班人员到现场进行核对性巡视检查。对无人值守变电站宜尽快安排接班人员进行核对性检查。

3. 全面巡视

（1）巡视周期。按变电站有、无人值守分类进行。有人值守变电站每月至少巡视一次，220kV 及以下无人值守变电站每季度至少巡视一次。

（2）巡视要求。主要对全站运行设备状态（状况）进行全面巡视，对现存缺陷进行监视性巡视检查，检查设备的薄弱环节。设备全面巡视应使用巡视作业指导书或指导卡。

4. 熄灯巡视

（1）巡视周期。按变电站有、无人值守分类进行。有人值守变电站每周至少巡视一次，无人值守变电站每月至少巡视一次。

（2）巡视要求。重点检查设备有无电晕放电、接头有无过热现象。熄灯巡视必要时可通过红外测温仪进行辅助性测试。

5. 特殊巡视

（1）巡视周期。无固定巡视周期，遇有以下情况，应进行特殊巡视：①大风前后的巡视；②雷雨后的巡视；③冰雪、冰雹、雾天的巡视；④设备变动后的巡视；⑤设备新投入运行后的巡视；⑥设备经过检修、改造或长期停运后重新投入系统运行后的巡视；⑦异常情况下的巡视，主要指过负荷或负荷剧增、超温、设备发热、系统冲击、跳闸、有接地故障情况等；⑧设备缺陷有发展时、法定节假日、上级通知有重要供电任务时，应加强巡视。

（2）巡视要求。特殊巡视检查时，发现设备异常及缺陷的概率较大。在设备巡视检查结束后或巡视中发现缺陷及异常情况时，相关人员应立即向运维站（班）或调控中心人员汇报。

6. 站（班）长巡视

（1）巡视周期。每月至少巡视一次。

（2）巡视要求。主要是对全站运行设备状态（状况）进行全面巡视和对现存缺陷进行监视性巡视检查，并严格监督、考核各班的巡视检查质量。

3.1.2 巡视检查的注意事项

（1）经本单位批准允许单独巡视高压设备的人员在巡视高压设备时，不准进行其他工作，不准移开或越过遮栏。

（2）雷雨天气，需要巡视室外高压设备时，应穿绝缘靴，并不准靠近避雷器和避雷针。

（3）火灾、地震、台风、冰雪、洪水、泥石流、沙尘暴等灾害发生时，如果需要对设备进行巡视，应制定必要的安全措施，得到设备运行单位分管领导批准，并至少两人一组，巡视人员应与派出部门之间保持通信联系。

（4）高压设备发生接地时，室内不准接近故障点 4m 以内，室外不准接近故障点 8m 以内。进入上述范围人员应穿绝缘靴，接触设备的外壳和构架时，应戴绝缘手套。

（5）进入 SF_6 配电装置室，入口处若无 SF_6 气体含量显示器，应先通风 15min，并用检漏仪测量 SF_6 气体含量合格，尽量避免单人进入 SF_6 配电装置室进行巡视。

（6）巡视室内设备，应随手关门。

（7）高压室的钥匙至少应有 3 把，由运行人员负责保管，按值移交。其中：1 把专供紧急时使用；1 把专供运行人员使用；其余 1 把可以借给经批准的高压设备巡视人员和经批准的检修、施工队伍的工作负责人使用，但应登记签名，巡视或当日工作结束后交还。

3.1.3　设备巡视检查的内容

3.1.3.1　变压器

1. 日常巡视检查内容

（1）变压器的油温和温度计应正常，储油柜的油位应与温度相对应，各部位无渗油、漏油情况。

（2）套管油位应正常，套管外部无破损裂纹、无严重油污、无放电痕迹及其他异常现象。

（3）变压器音响正常。

（4）各冷却器手感温度应相近，风扇、油泵、水泵运转正常，油流继电器工作正常。

（5）吸湿器完好，吸附剂干燥。

（6）引线接头、电缆、母线应无发热迹象。

（7）压力释放器及防爆膜应完好无损。

（8）气体继电器内应无气体。

（9）各控制箱和二次端子箱应关严，无受潮。

（10）冷却器运转正常，投入运行组数应与主变负荷相对应。

（11）正常投入运行的变压器，应密切监视仪表的指示，及时掌握变压器运行情况，每小时应检查一次负荷及温度曲线，当变压器超过额定电流运行时，应做好记录。

2. 新投或大修后的变压器运行前检查内容

（1）气体继电器或集气盒及各排气孔内无气体。

（2）附件完整安装正确，试验、检修、二次回路、继电保护验收合格，整定正确。

（3）各侧引线安装合格，接头接触良好，各安全距离满足规定。

（4）变压器外壳接地可靠，钟罩式变压器上下体连接良好。

（5）强油风冷变压器的冷却装置油泵及油流指示、风扇电动机转动正确。

（6）电容式套管的末屏端子、铁芯、变压器中性线接地点接地可靠。

（7）变压器消防设施齐全可靠，室内安装的变压器通风设备完好。

（8）有载调压装置升、降操作灵活可靠，远方操作和就地操作正确一致。

（9）油箱及附件无渗漏油现象，储油柜、套管油位正常，变压器各阀门位置正确。

（10）防爆管的呼吸孔畅通，防爆隔膜完好，压力释放阀的信号触点和动作指示杆应复位。

（11）核对有载调压或无励磁调压分接开关位置；检查冷却器及气体继电器的阀门应处于打开位置，气体继电器的防雨罩应严密。

3. 特殊巡视检查的条件

（1）新设备或经过检修、改造的变压器在投运72h内。

（2）有严重缺陷时。

（3）气象突变（如大风、大雾、大雪、冰雹、寒潮等）时。

（4）雷雨季节特别是雷雨后。

（5）高温季节、高峰负载期间。

（6）变压器急救负载运行时。

3.1.3.2 互感器

（1）高、低熔丝（快速小开关）完好，配置适当。

（2）油标的油色、油位正常，无渗漏油、漏气，金属膨胀器指示正常，硅胶不变色。

（3）瓷套无裂纹、放电、闪络，瓷表面清洁。

（4）导线接头无发热、示温蜡片未熔化。

（5）电压互感器、电流互感器内部声音正常，无异味、冒烟情况。

（6）端子箱内干燥，无鸟、蜂窝，无锈蚀，孔洞已封堵。

3.1.3.3 断路器

1. SF$_6$断路器正常巡视检查项目

（1）每日定期记录 SF$_6$气体压力和操作机构压力，并要求在规定范围内。

（2）断路器各部分及管道无异声（漏气声、振动声）及异味，管道夹头正常。

（3）套管无裂纹，无放电声和电晕。

（4）引线连接部位无过热、引线弛度适中。

（5）断路器分、合位置指示正确，与实际运行方式相符。

（6）接地完好。

（7）气动操作机构的缓冲器是否渗油。

（8）气泵机油油位不得低于中线。

（9）落地罐式断路器应检查防爆膜无异状。

2. 手车式断路器正常巡视检查项目

（1）瓷瓶表面无裂纹、放电、闪络现象。

（2）触头无发热变色，示温蜡片无熔化。

（3）合闸熔丝正常。

（4）分合闸指示和实际位置一致。

（5）带电显示装置指示正常。

3.1.3.4 气体绝缘金属封闭电器

（1）断路器、隔离开关及接地开关的位置指示正确，并与当时实际运行工况相符。

（2）现场控制盘上各种信号指示、控制开关的位置及盘内加热器。

（3）通风系统。

（4）各种压力表、油位计的指示值。

（5）断路器、避雷器的动作计数器指示值。

（6）外部接线端子有无过热情况。

（7）有无异常声音或异味发生。

（8）各类箱、门的关闭情况。

（9）外壳、支架等有无锈蚀、损伤，瓷套有无开裂、破损或污秽情况。

（10）各类配管及阀门无损伤、锈蚀，开闭位置是否正确，管道的绝缘法兰与绝缘支架是否良好。

（11）有无漏气（SF₆气体、压缩空气）、漏油（液压油、电缆油）。

（12）接地完好。

（13）压力释放装置防护罩有无异样，其观察窗口有无障碍物。

3.1.3.5 隔离开关

（1）瓷瓶无裂纹、放电和闪络现象。

（2）触头、引线、接头无发热、变色，60℃、70℃示温蜡片未熔化，引线无松、断股。

（3）操作箱、操作把手锁住，隔离开关支架、底座无锈蚀。

（4）分合闸到位，位置指示与实际相符，操作电源正常。

（5）隔离开关操作机构箱，接地隔离开关操作把手锁住。

（6）微机五防装置可靠。

3.1.3.6 避雷器

（1）瓷套表面积污程度及是否出现放电现象，瓷套、法兰是否出现裂纹、破损。

（2）避雷器内部是否存在异常声响。

（3）与避雷器、计数器连接的导线及接地引下线有无烧伤痕迹或断股现象。

（4）避雷器放电计数器指示数是否有变化，计数器内部是否有积水。

（5）对带有泄漏电流在线监测装置的避雷器泄漏电流有无明显变化。

（6）避雷器均压环是否发生歪斜。

3.1.3.7 母线及绝缘子

（1）各部接头接触良好，无过热、变色等现象。

（2）母线无损伤、断股情况，硬母线无强烈振动声。

（3）绝缘子无破损、裂纹、放电。

（4）母线上无异物。

3.1.3.8 电力电容器

（1）外壳、套管外表清洁，无渗漏油、鼓肚、裂纹及放电痕迹。

（2）熔丝完好，母线及引线完整无损，各连接点无发热变色。

（3）放电压变三相监视灯指示正常。

（4）大风、雷雨等恶劣天气后，应对电力电容器进行特巡。

（5）电容器间清洁、无杂物，围栏门锁好。

（6）室内电容器组的环境温度不宜超过−25～40℃。

3.1.3.9 耦合电容器、结合滤波器、高频阻波器

（1）耦合电容器无渗漏油，瓷套清洁、无放电闪烙现象。

（2）阻波器连接头无松动发热，内部无放电声、无鸟窝。

（3）运行中结合滤波器接地开关在拉开位置，接地线连接良好。

3.1.3.10 并联电抗器

（1）运行时应注意监视电抗器的声音是否异常，导线接头是否牢固，室内通风情况是

否良好。

（2）检修后验收应注意检查电抗器，从通风孔往上看有无堵塞，顶部有无遗留金属异物，螺丝有无拧紧。

3.1.3.11　电力电缆

（1）电缆终端头有无漏油、溢胶、放电和音响现象。

（2）电缆终端头瓷瓶是否完整，有无裂纹、放电现象，引出线的连接是否坚固，有无发热现象。

（3）电缆终端头接地是否良好，有无松动、断股、锈蚀现象。

（4）电缆外皮有无松动、渗油现象。

（5）对敷设在地下的每一条电缆线路，应查看路面是否正常，有无挖掘痕迹及路线标桩是否完整无缺。

（6）电缆线路上不应堆置瓦砾、矿渣、建筑材料、笨重物件、酸碱性排泄物和砌堆石灰坑等。

（7）电缆层、电缆井内的电缆，要检查位置是否正常，接头有无变形、漏油，温度是否正常，物件是否失落。

3.2　工　作　流　程

3.2.1　前期准备

1. 巡视人员要求

设备巡视人员精神状态应良好，具备一定的设备巡视检查工作的经验。熟悉设备巡视流程，明确巡视过程中的危险点，并能严格遵守安全规章制度、技术规程和劳动纪律，可以熟练使用安全工器具和劳动防护用品。

2. 危险点分析及防范措施

设备巡视前需要做好各种风险预控，防止在设备巡视时发生各种异常及事故。进行危险点分析及做好相应的防范措施，可以有效降低异常发生率，将事故制止在萌芽状态。各种情况的危险点及防范措施如下：

（1）雷雨天气时，避雷针落雷，反击伤人；避雷器爆炸伤人；室外端子箱、瓦斯继电器进雨水等。防范措施：穿试验合格的绝缘鞋，并远离避雷针5m以上；戴好安全帽，不得靠近避雷器检查动作值。

（2）大雾天气时，突发性设备污闪（雾闪）接地伤人；空气绝缘水平降低，易发生放电；能见度低误入非安全区域内。防范措施：穿绝缘靴巡视；在室外布置措施或设备巡视时，严禁扬手；巡视时要谨慎小心，认清位置。

（3）雾雨天时，端子箱机构箱内受潮，直流接地或保护误动；巡视路滑，易摔跤，易误入积水坑内；上下室外楼梯踏空、滑跌。防范措施：检查箱门关闭良好，若遇受潮，应立即用热风机具干燥处理或投入干燥灯；穿绝缘胶靴，慢行，及时清除积水；标明踏空标示，抓住扶手慢行。

（4）夜间能见度低，巡视路面盖板不整齐，踏空；摔跤，造成人体挫伤、扭伤。防范措施：电筒照明电源，照度合格，路灯完好，两人同时进行，相互关照；认真检查，盖板应平整，无窜动，保证夜间巡视行走安全。

（5）大风天气时，外来漂浮物造成线路、母线短路；开合机构箱门失控、挤伤；设备防雨帽、标示牌等脱落伤人。防范措施：认真巡视，对外物及时处理、清理；开合箱门时，用力适度，避免箱门在风力作用下开、合挤手；平时要认真检查设备防雨帽、标示牌，不牢固的及时处理。

（6）高温天气时，充油设备油位过高，内压增大，造成喷油或严重渗油；液压机构油压异常时，开关不能安全可靠动作。防范措施：监视油位变化，必要时停电调整油位；监视不超过极限压力，人工安全泄压，及时更换密封圈，建立专用记录进行监视分析。

（7）汛期时，电缆道进水，淹没电缆；场地操作台巡视道有积水，威胁操作人员安全。防范措施：做好路面排水，使积水不入电缆沟；畅通排水管道，备好排洪水泵，确保随时可用；及时排除操作台积水，操作上述设备时，必须穿绝缘靴，戴绝缘手套。

（8）冰雪天气时，巡视高压设备路滑摔倒；端子箱、机构箱内进雪融化，直接接地或保护误动；上下室外楼梯踏空或滑跌。防范措施：冰雪天巡视设备时绝缘靴应采取防滑措施；巡视时应检查箱门关闭良好，遇受潮时，应立即使用热风机干燥处理；及时清雪，上下室外楼梯时，应抓好扶手慢行。

（9）系统接地时，接地故障引起谐振易引起 TV 爆炸；产生跨步电压、接触电压伤人。防范措施：检查设备时应戴好安全帽，防止爆炸碎片伤人，同时要远离 TV；巡视时应穿绝缘靴，戴绝缘手套，与接地点保持 8m 以上距离。

（10）TA 开路爆炸伤人。防范措施：穿绝缘靴、戴好安全帽和绝缘手套，两人同时进行。

（11）SF_6 泄漏中毒。防范措施：进入室内启动引风机，进入气体积聚处戴防毒面具。

（12）充油设备异常声响，设备爆炸伤人，溅油起火伤人。防范措施：巡视时戴好安全帽，两人同时进行。

（13）屏柜柜门静电伤人。防范措施：加强设备管理，经常刷绝缘漆。

（14）电缆层能见度低误碰误撞伤人。防范措施：照明电源亮度足够，加强维护。

（15）误碰、误动、误登运行设备。防范措施：巡视人员应由经过培训、熟悉设备、有经验并经本单位批准的人员担任，巡视检查时应与带电设备保持足够的安全距离，10kV 及以下的不小于 0.7m，35kV 的不小于 1.0m，110kV 的不小于 1.5m；巡视人员应正确着装，带齐所需工器具及记录本，并按规定的线路巡视。

（16）擅自打开设备网门，擅自移动临时安全围栏，擅自跨越设备固定围栏。防范措施：巡视人员必须经本单位批准，巡视时，应由两人进行，并互相关照、提醒；检查设备时，不得进行其他工作，不得移开、越过、拆除遮栏和标示牌。

（17）发现缺陷及异常时，单人处理或未及时汇报。防范措施：发现设备缺陷及异常时，及时汇报，采取相应措施，不得擅自处理。

（18）擅自改变检修设备状态，变更工作地点安全措施。防范措施：巡视设备禁止变更检修现场安全措施，禁止改变检修设备状态。

（19）登高检查设备，如登上开关机构平台检查设备时，感应电造成人员失去平衡，造成人员碰伤、摔伤。防范措施：巡视应由两人进行，并互相关照、提醒。

（20）高压设备发生接地时，保持距离不够，造成人员伤害。防范措施：高压设备发生接地时，室内不得接近故障点 4m 以内，室外不得接近故障点 8m 以内，进入上述范围人员必须穿绝缘靴，接触设备的外壳和构架时，必须戴绝缘手套。

（21）开、关设备门振动过大，造成设备误动作。防范措施：开、关设备门应小心谨慎，防止过大振动。

（22）随意动用设备解锁钥匙。防范措施：严格按设备解锁钥匙使用要求，严禁随意使用解锁钥匙。

（23）在继电保护室使用移动通信工具，造成保护误动。防范措施：在继电保护室禁止使用移动通信工具，防止造成保护及自动装置误动。

（24）进出高压室，未随手关门，造成小动物进入。防范措施：进出高压室，必须随手将门锁好。

（25）不戴安全帽、不按规定着装，在突发事件时失去保护。防范措施：进入设备区必须戴安全帽，巡视人员必须按规定正确着装，并佩戴好值班标志。

（26）未按照巡视线路巡视，造成巡视不到位，漏巡视。防范措施：按规定线路、设备、位置进行巡视，不得遗漏，不得马虎，应认真负责，及时做好记录。

（27）使用不合格的安全工器具。防范措施：巡视前，检查所使用的安全工器具完好。

（28）人员身体状况不适、思想波动，造成巡视质量不高或发生人身伤害。防范措施：巡视前，值班负责人应根据人员身体状况等情况安排合适人员巡视。

（29）设备发生异常时 SF$_6$ 气体泄漏。防范措施：巡视发生异常的 SF$_6$ 断路器时应戴好防毒面具，站在上风口。

（30）巡视变压器时安全气道或压力释放器动作伤人。防范措施：巡视变压器安全气道或压力释放器时保持足够的安全距离。

（31）巡视变压器时冷却器伤人。防范措施：巡视变压器冷却器时保持足够的安全距离。

（32）巡视设备时毒蛇、毒虫咬伤。防范措施：巡视设备时，正确着装，严禁穿露脚趾的鞋。

3.2.2 流程安排

（1）安排设备巡视类型。

（2）根据当日巡视计划，安排巡视人员。

（3）准备安全用器具。安全用器具准备必须完备、齐全。晴天要准备好安全帽、钥匙、望远镜；雷雨天气要准备好绝缘靴、雨衣等。

（4）进行巡视检查。

（5）按规定路线对设备进行巡视，严格按现场运行规程及有关制度规定的项目执行。

检查时应认真仔细，采用看、听、嗅、摸的方法进行分析和比较（必要时配合仪器），以判断设备的运行状况。做好对应记录（避雷器泄漏电流、SF_6 压力值、直流电压、主变负荷、主变油温等）。

（6）发现缺陷及异常，进行处理。

（7）根据缺陷及异常的种类，做出对应处理，巡视情况正常，则不需要进行本环节。

（8）做好巡视记录。

3.3 远红外测温在设备巡视中的应用

3.3.1 远红外测温的概念

对于电力设备而言，当其发生异常时，往往以设备相关部分的温度或热状态变化为征兆。如某些设备因局部故障造成电压分布变化或泄漏电流增大，会导致设备运行出现温度分布异常。

红外测温技术就是对热辐射现象释放出的热量进行检测的技术，该技术在变电运行中的应用，就是对变电系统中的电气设备进行热辐射监测，以电气设备释放出的热辐射能量是否在正常水平来判定变电设备是否处于正常的运行状态。其收集电气设备的热源辐射状况后，再经由红外探测器、光电探测仪以及信号处理等设备和电路，将热辐射源的能量转变为相应的信号，向工作人员实时准确地提供设备的温度信息，以设备是否处于明显发热状态向人员反映设备当前的运行状态，能达到对运行设备的状况进行实时监控，并及时发现和处理设备运行故障的目的。

3.3.2 红外测温技术的特点

红外测温技术在电网设备中运用的主要特点有以下方面：

（1）红外测温技术的诊断是在保持电力设备正常运行，不停电、不局部采样的状态下实施的有效监测。它能够检查出红外辐射的异常表现，判断真实的温度变化情况，还能在不与电力设备接触的前提下保障操作的安全性。

（2）红外检测设备不需依靠任何辅助信号源及其他检测设备的帮助便能独立进行检测。其自身有发射红外辐射的功能，能准确、及时地发现故障预兆，操作方便、简单，因此受到电力行业青睐。

（3）电网设备纵横交错，规模复杂庞大，依靠传统的测温仪无法完成如此巨大的工程任务。然而红外测温技术的先进性使之能够对大面积范围实行同时监测，并及时扫描为实时图像，且生动、直观、快捷，无需投入大量时间、人力。

（4）随着信息网络的发展，任何先进技术都离不开计算机的支持。因此，红外成像诊断仪器结合计算机，利用图像分析及处理软件，不但能及时发现问题，还可对大量数据进行分析、综合判断，从而找出电力设备出现故障的原因，以此作为设备的改善依据，并为下次做好防护措施打下基础。同时，将有关信息输入计算机存储，还可实现信息共享功能。

3.3.3 测量环境要求

（1）一般检测的环境条件要求。被检设备是带电运行设备，环境温度一般不宜低于5℃、空气湿度不大于85%。不应在有雷、雨、雾、雪的情况下进行检测，风速不大于5m/s。气候为阴天、多云为宜，晴天要避开阳光直接照射或反射入镜，无雾。在室内检测应避开灯光直射，最好闭灯检测。检测电流致热的设备，最好在设备负荷高峰时进行，一般不低于额定负荷30%。

（2）精确检测的环境条件要求。风速一般不大于0.5m/s。设备通电时间不小于6h，最好在24h以上。检测时间为晴天日落后2h。被检测设备周围应具有均衡的背景辐射，测温时要避开临近热辐射源的干扰。

在运行过程中，测温以阴天多云为宜，并不适应在夜间进行，当然夜间测量对于图像的质量来说最好。但是，户外设备多为电流致热型设备，测量时最好在高峰负荷下进行，而白天的负荷最高。因此，日间阴天测量最好，既能及时发现设备缺陷，其图像质量也好。

3.3.4 红外热像仪使用方法

红外热像仪在开机后，需要图像稳定后才能进行测温，并且要检查温度设定与辐射系数设定是否符合现场条件。测温时扫描不能过快，否则不易发现异常部位。一般检测时，距离、发射率、焦距等参数不必在检测每个设备时都作相应调整，可固定一个值测量；发现异常后再对具体设备输入精确的参数进行精确测量；这种检测方法简便，检测时间较短。

对于电流型致热设备如导线线夹、变压器接头、电流互感器、电抗器、断路器、隔离开关等，致热原因一般为接触不良造成接触电阻增大，大电流通过后温度大幅上升。检测时可采用自动温差，去除背景噪声，焦距调准（可采用自动对焦），一般很容易检测到异常发热点。

对于电压型致热设备如电压互感器、避雷器、瓷瓶、绝缘子等，需要采用精确检测方法。因为这类设备正常温差一般在0～1℃，有异常时，故障点温差一般为2～3℃，发热原因普遍为受潮、破损或有杂质，引起绝缘水平降低，表现为轻微发热。所以需耐心地手动调节焦距、温差值和电平值，在图像清晰的基础上，温差尽可能地调小，才能发现发热点。

3.3.5 选择测温角度

测温角度对红外温度非常重要。在对电气设备进行红外测温时，应尽量使红外热像仪的光轴垂直于被测设备，与被测设备的法线角不宜大于45°。测温时应移开视线中的封闭遮挡物如玻璃窗、门或盖板。天气较寒冷时，设备表面有可能覆着薄冰，由于冰面光滑，反射率大，故对监测数据的准确性有很大的影响，所以尽量选择气温较高的时段检测，并且选择适当的检测角度。

3.3.6 缺陷判断及上报

（1）红外测温数据的分析判断方法和判断依据为 DL/T 664—1999《带电设备红外诊断技术应用导则》，电流致热型缺陷以相对温差法判断为主，结合其他方法进行综合判断，电压致热型或其他原因造成的发热缺陷可根据导则中的方法和各种电气设备红外诊断导引进行综合判断。

（2）电流致热型设备当绝对温度不小于 80℃，相对温差不小于 50％时，由运行单位上报缺陷。

（3）电流致热型设备当绝对温度不小于 80℃，相对温差不大于 50％时，由运行单位上报检修单位，检修单位根据负荷情况对测试数据进行分析后作出判断，如为缺陷由运行单位上报。

（4）电流致热型设备当绝对温度不大于 80℃，相对温差不小于 50％时，由运行单位上报检修单位，检修单位根据负荷情况对测试数据进行分析后作出判断，如为缺陷由运行单位上报。

（5）电流致热型设备当绝对温度不大于 80℃，相对温差不大于 50％时，由运行单位加强跟踪。

（6）电压致热型或其他原因造成的发热可根据 DL/T 664—1999 中相关规定进行综合分析判断，同时由运行单位上报检修单位，检修单位根据负荷、电压情况对测试数据进行分析后作出判断，如为缺陷由运行单位上报。

（7）针对上报的缺陷，检修单位必要时可以进行复测，确定缺陷的等级及缺陷部位，对于无法确定的缺陷，检修单位应当将测试数据及分析结果上报上级部门，由上级部门确定。

3.3.7 测量周期

根据 Q/GDW 1168—2013《输变电设备状态检修试验规程》中例行试验"红外成像检测"项目的要求，由运行单位根据输变电设备不同电压等级的红外测温周期要求，制定红外测温计划并实施。变电设备测试周期要求按 110kV 及以下电压等级设备 6 个月一次实施，二次设备按一次设备电压等级考虑周期，交、直流电源回路按变电站电压等级考虑。红外测温异常的输变电设备必须缩短周期或在不同负荷情况下加强跟踪测试。

迎峰度夏期间对 110kV 及以下变电站每月测量一次，对重载或重要的 110kV 线路进行跟踪测量；对专线用户必须根据负荷情况，在负荷较大时进行测温。

应当妥善保存测试数据，每年应将拍摄的所有故障设备红外图谱和正常运行设备红外图谱整理归档并集中保存，以利于日后调阅对照比较。每年年底各单位对红外测温工作进行总结并上报。

3.3.8 建立红外的管理标准

以标准化作业指导书的方式规范管理，并制定出红外测温标准化作业卡，图 3-1 为红外测温工作流程图。

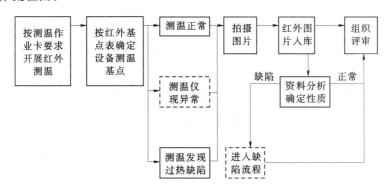

图 3-1 红外测温工作流程图

3.3.9 其他事项

（1）各变电站在进行红外测温工作时，检测人员应严格执行在变电站内工作的各项规章制度，特别注意与带电体保持足够的安全距离：110kV 电压等级的安全距离不小于 1.5m；35kV 电压等级的安全距离不小于 1m；10kV 电压等级的安全距离不小于 0.7m。

（2）在恶劣天气下不得进行红外测温工作。

（3）变电站在室内配电装置的各连接处、手车断路器的触头边等，应粘贴 60℃、70℃、80℃ 的示温腊片，以及时检测接头过热。

（4）在对室内设备进行检测时，正常情况下不得打开遮栏、网、柜门。在检测有缺陷的设备、测量已发现过热的设备、60℃ 示温腊片已熔化的接头等确需打开遮栏、网、柜门时，应两人进行，站骨干监护，并办理工作票手续。使用解锁钥匙时，按解锁钥匙的管理规定执行。

（5）在测温过程中发现有过热的部位，应随时跟踪检测，并及时填写上报"过热缺陷测温跟踪检测表"，同时上报相关部门，以便根据缺陷的发展情况进行处理。

3.3.10 红外测温实例

各变电站在进行远红外测温工作时，应由两人进行，一人操作，一人监护。站外人员协助进行检测的，则应履行工作票手续。

在测量前，首先检查测量仪的电池电量是否充足。打开测量仪设备测温参数。挡位选择，选择满足红外测温仪的测温挡位（−20℃/180℃）；比辐系数选择，对于不同材料需要选择不同的比辐系数（由于电力设备的材料都为钢铁等混合材料，比辐系数可选择为 0.5）；测量距离选择，需要根据不同的距离进行调节。

在不同距离处，可测目标的有效直径不同，因而在测量小目标时要注意目标距离。红外测温仪距离系数 K 的定义为：被测目标的距离 L 与被测目标的直径 D 之比，即 $K = L/D$。

在变电站设备红外测温中，为了准确测温，还应对设备从几个不同的方向和角度检测，并保存数据分析，进而判断设备的情况。

图3-2～图3-6为各种电气设备红外诊断实例照片。

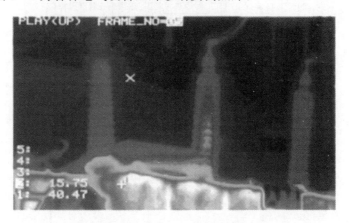

图3-2 变压器套管B相套管整体发热

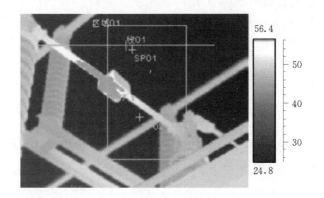

图3-3 110kV隔离开关C相触头过热

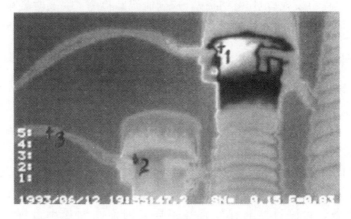

图3-4 110kV电流互感器B相内部接触不良

以上缺陷在正常巡视检查中无法发现，因此对于及时发现设备运行中的隐含缺陷红外测温是一种非常重要的手段，因此必须做好红外测温工作，及时掌握设备运行状况，保证

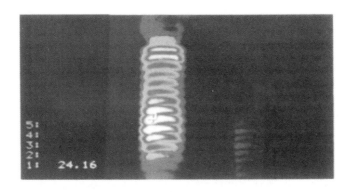

图 3-5 110kV 氧化锌避雷器内部受潮

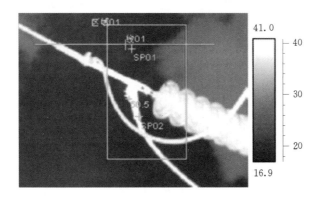

图 3-6 110kV 副母线接头接触不良

设备的安全运行。

第4章 操 作 票 管 理

倒闸操作票不仅作为电气操作的书面依据，其正确性直接影响电网、设备、甚至是人身安全，是保证工作安全的第一道有效屏障，其步骤的合理性也直接影响变电运维人员的工作效率，因此能够填写正确合理的操作票，是变电运维人员应具备的一项基本技能，而能正确理解电气设备的状态是填写正确操作票的基础。

4.1 设备的基本状态及含义

电气设备有运行状态、热备用状态、冷备用状态、检修状态等四种基本状态。

4.1.1 运行状态

设备的闸刀（旧称闸刀，后文均用隔离开关）及开关（旧称开关，后文均用断路器）都在合上位置，将电源端至受电端的电路接通；所有的继电保护及自动装置均在投入位置（调度有要求的除外），控制及操作回路正常，辅助设备（如变压器的冷却装置、监视和计量回路等）按要求投入。

（1）主变运行状态。在主变各侧断路器均运行，主变中性点接地隔离开关按要求执行。

（2）母线运行。连接在该母线上的出线断路器、母线压变、避雷器均处于运行状态。

4.1.2 热备用状态

热备用状态指设备只有断路器断开，其他同运行状态。母线无热备用状态。主变热备用指主变各侧的断路器断开，热备用状态时主变的中性点接地隔离开关应在合闸位置。

4.1.3 冷备用状态

（1）一次设备状态要求。出线断路器及断路器两侧隔离开关都处在断开位置，包括辅助设备（如压变高压隔离开关断开，压变低压空气断路器断开）。

（2）二次设备状态要求。断路器保护启动其他保护和联跳其他断路器的压板及其他保护跳本断路器的压板在取下位置。

4.1.3.1 断路器冷备用

（1）单母接线。断路器、线路隔离开关、母线隔离开关断开，如图4-1所示。

（2）双母接线。断路器、线路隔离开关、正母隔离开关、副母隔离开关断开，如图4-2所示。

（3）断路器为手车的形式。中置柜（下置柜）隔离开关摇至试验位置，二次插件在放上位置，如图4-3所示。

 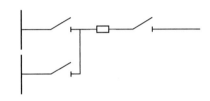

图 4-1　单母接线的断路器冷备用　　　图 4-2　双母接线的断路器冷备用

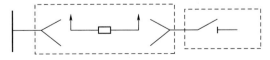

断路器手车在试验位置

图 4-3　手车断路器冷备用（虚空内为主变或电容器间隔有隔离开关的情况）

注：1）无防误闭锁功能的户内手车式断路器须拉到柜外，有防误闭锁功能的户内手车式断路器在试验位置（如 GBC 型开关柜）。

2）主变（电容器）间隔的手车式断路器靠主变（电容器）侧有隔离开关，则同时断开主变（电容器）隔离开关。

3）35kV 及以下的出线断路器与隔离开关之间如果装有线路 TV 的，应拉开线路压变低压空气断路器。

4）遥控切换开关切至"就地"位置或取下遥控压板，但遥控总切换开关不操作（如 GIS、断路器、隔离开关，甚至是接地隔离开关均具备遥控功能测控装置上的遥控总切换开关）。

5）AVC 控制的电容器断路器、电抗器断路器置为"不参与计算"。

4.1.3.2　线路冷备用

（1）单母接线。线路断路器、母线隔离开关、线路隔离开关、线路压变隔离开关均断开，拉开线路压变低压空气断路器（或取下低压熔断器），如图 4-4 所示。

图 4-4　单母接线线路冷备用

注：有线路压变隔离开关及高压熔断器的，一般为 35kV 及以下线路，110kV 及以上出线不安装线路压变高压熔断器，一般也不装设线路压变隔离开关。但 110kV 及以上的 GIS 设备出线可能装有线路压变隔离开关。

（2）双母接线。线路断路器、正母隔离开关、副母隔离开关、线路隔离开关、线路压变隔离开关均断开，拉开线路压变低压空气断路器（或取下低压熔断器），如图 4-5 所示。

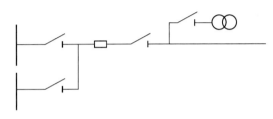

图 4-5　双母接线线路冷备用

注：双母接线一般用于 110kV 及以上线路，GIS 设备可能有线路压变隔离开关。

（3）旁母接线。线路断路器、母线隔离开关、线路隔离开关、旁路隔离开关均断开，拉开线路压变低压空气断路器（或取下低压熔断器），如图4-6所示。

（4）断路器为手车的形式。中置柜（下置柜）开关摇至试验位置，二次插件在放上位置，线路压变手车摇至试验位置，拉开线路压变低压空气断路器（或取下低压熔断器），如图4-7所示。

图4-6 旁母接线线路冷备用

注：旁母接线一般用于110kV及以上线路，一般不装设线路压变高压熔断器，国网变电所典型设计一般没有旁母。

图4-7 手车式断路器线路冷备用

注：手车式断路器一般用于35kV及以下线路，压变没有工作时，手车可不摇至试验位置。

4.1.3.3 母线压变冷备用

（1）隔离开关接线的母线压变。拉开母线压变隔离开关，取下母线压变低压熔断器（包括保护回路、开口三角、仪表回路熔断器）或拉开母线压变低压空气断路器，如图4-8所示。

（2）熔断器手车式母线压变。熔断器手车在试验位置或无防误闭锁功能的拉出柜外，取下母线压变低压熔断器（包括保护回路、开口三角、仪表回路熔断器）或拉开母线压变低压空气断路器，图4-9所示。

图4-8 隔离开关接线的母线压变冷备用

图4-9 熔断器手车式母线压变

（3）隔离手车式压变。隔离手车在试验位置或无防误闭锁功能的拉出柜外，取下母线压变低压熔断器（包括保护回路、开口三角、仪表回路熔断器）或拉开母线压变低压空气断路器，如图4-10所示。

（4）手车式压变。手车式压变在试验位置或无防误闭锁功能的拉出柜外，取下母线压变低压熔断器（包括保护回路、开口三角、仪表回路熔断器）或拉开母线压变低压空气断路器，如图4-11所示。

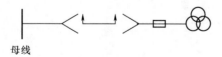
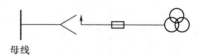

图4-10 隔离手车式母线压变

图4-11 手车式母线压变

注：①二次电压不并列时，该母线上电容器有单独低压保护压板的退出低压保护压板，无低压保护压板的，将该母线上电容器退出AVC运行，同时检查该母线上电容器断路器确在断开位置；②GIS设备须取下母线压变隔离开关遥控压板。

4.1.3.4 线路压变冷备用（一般为35kV及以下电压等级）

（1）隔离开关接线的线路压变。取下线路压变低压熔断器或拉开线路压变低压空气断路器，有线路压变隔离开关的拉开线路压变隔离开关，如图4-12所示。

（2）手车式线路压变。无防误闭锁功能的压变手车须拉到柜外，有防误闭锁功能的压变手车在试验位置，如图4-13所示。

图4-12　隔离开关接线的线路压变冷备用

图4-13　手车式线路压变冷备用

注：线路压变单独改冷备用时，若线路重合闸投入的，则停用线路重合闸。

4.1.3.5 母线冷备用

（1）单母或单母分段接线。接在冷备用母线上的线路断路器、母分断路器、主变断路器、直配变、所用变、接地变、电容（抗）器等均为冷备用；母分隔离开关均在断开位置，母线压变、母线避雷器在运行状态（图4-14以Ⅰ段母线冷备用为例）。

（2）双母线接线。接在该母线上运行（热备用）的线路断路器、主变断路器、旁路断路器均倒至另一母线运行（热备用），母联断路器冷备用，母线压变、母线避雷器在运行状态（图4-15以正母冷备用为例）。

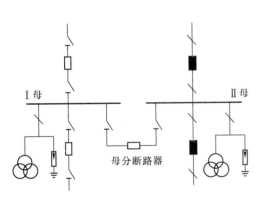

图4-14　单母分段（Ⅰ段母线冷备用）
□—分闸断路器；■—合闸断路器；
╱—合闸隔离开关；╱—分闸隔离开关

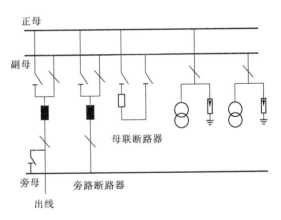

图4-15　双母接线（正母冷备用）
□—分闸断路器；■—合闸断路器；
╱—合闸隔离开关；╱—分闸隔离开关

（3）内桥接线。接在该母线上运行的线路断路器、母分断路器冷备用、主变隔离开关断开，母线压变、母线避雷器在运行状态（图4-16以Ⅰ段母线冷备用为例）。

4.1.3.6 主变冷备用

（1）主变三侧均有断路器。主变各侧断路器均为冷备用，拉开主变中性点接地隔离开关，如图4-17所示。

（2）内桥接线主变。主变高压侧隔离开关断开，低压侧断路器改冷备用，拉开主变中

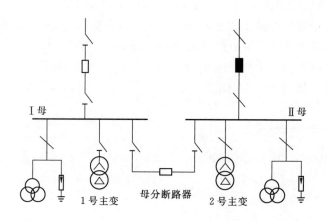

图 4-16　内桥接线（Ⅰ段母线冷备用）

▢—分闸断路器；▮—合闸断路器；╱—合闸隔离开关；╱—分闸隔离开关

注：部分地方调度规程规定，母线冷备用状态时，该母线上所接的母线压变及母线避雷器也在冷备用状态。

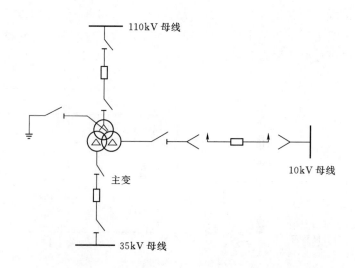

图 4-17　主变三侧均有断路器的冷备用

▢—分闸断路器；▮—合闸断路器；╱—合闸隔离开关；╱—分闸隔离开关

性点接地隔离开关，如图 4-17 所示。

4.1.4　检修状态

检修是高压设备为了保证检修工作人员的人身安全而对相应设备采取的一种安全措施，具体要满足如下要求：

（1）一次设备状态。检修设备的各侧用明显的断开点隔离（包括断开相应的断路器及断路器两侧隔离开关），断开辅助设备电源（如压变高压隔离开关断开，压变低压空气断路器断开，主变的冷却器、有载调压电源断开）；在检修设备的可能来电侧装设接地线或合上接地隔离开关。

（2）二次设备状态。断路器保护启动其他保护和联跳其他断路器的压板及其他保护跳本断路器的压板在取下位置；如果断路器检修时，该开关的 TA 二次回路涉及有母差、主变纵差的 TA 回路的也应退出，断开开关的合闸、操作电源、开关机构储能电源；线路改检修时则无需考虑 TA 二次回路的投退操作。

4.1.4.1 断路器检修

（1）单母接线。出线断路器、线路隔离开关、母线隔离开关断开，断路器的两侧挂地线或合上接地隔离开关，如图 4-19 所示。

（2）双母接线。出线断路器、线路隔离开关、正母隔离开关、副母隔离开关断开，断路器的两侧挂地线或合上接地隔离开关，如图 4-20 所示。

（3）断路器为手车的形式。中置柜、下置柜断路器拉出柜外，取下二次插件，如图 4-21 所示。

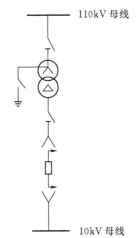

图 4-18　主变两侧冷备用
▢—分闸断路器

注：主变冷备用状态一次满足以上要求外，二次方面还有满足以下几点：

1）应取下本主变保护启动其他保护和联跳其他断路器的压板、其他保护跳本主变断路器的压板。

2）遥控切换开关切至"就地"位置或取下遥控压板，但遥控总切换开关不操作。

3）AVC 控制的主变有载调压置为"不参与计算"。

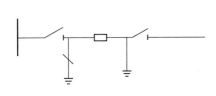

图 4-19　单母接线的断路器检修
▢—分闸断路器；╱—合闸隔离开关；
╱—分闸隔离开关

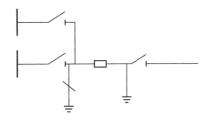

图 4-20　双母接线的断路器检修
▢—分闸断路器；╱—分闸隔离开关

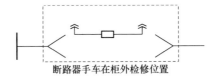

断路器手车在柜外检修位置

图 4-21　手车式断路器检修

注：1）对户内手车式主变开关柜，若有主变隔离开关的，则在主变隔离开关断路器侧装设接地线。

2）断路器的母差、主变差动 TA 退出差动回路；但 35kV、10kV 中置柜、下置柜断路器，在断路器检修时 TA 不具备检修条件的，母差、主变差动 TA 可不退出差动回路。

3）对于具备远方遥控功能的电动机构隔离开关，还应断开隔离开关机构电源。

4.1.4.2 线路检修

（1）单母接线。在单母接线方式的线路冷备用的基础上，在线路隔离开关线路侧及线路压变高压侧分别挂接地线或合上接地隔离开关，如图4-22所示。

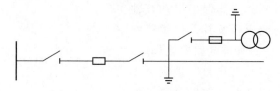

图4-22　单母接线线路检修
☐—分闸断路器；／—分闸隔离开关

（2）双母接线。在双母接线方式的线路冷备用的基础上，在线路隔离开关线路侧及线路压变高压侧分别挂接地线或合上接地隔离开关，如图4-23所示。

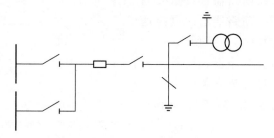

图4-23　双母接线线路检修
☐—分闸断路器；／—合闸隔离开关；／—分闸隔离开关

（3）旁母接线。在旁母接线方式的线路冷备用的基础上，在线路隔离开关线路侧挂接地线或合上接地隔离开关，如图4-24所示。

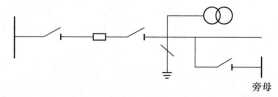

图4-24　旁母接线线路检修
☐—分闸断路器；／—合闸隔离开关；／—分闸隔离开关

（4）断路器为手车的形式。在以手车断路器方式的线路冷备用的基础上，将线路压变手车拉出柜外，合上线路接地隔离开关，如图4-25所示。

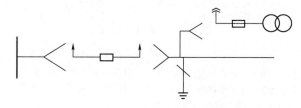

图4-25　手车式断路器线路检修

注：部分出线开关柜可能没有压变手车或线路压变直接经高压熔断器接于线路插头线路侧，如果线路压变直接经高压熔断器接在线路插头线路侧的线路改检修时，应在线路压变高压侧增挂一组接地线，如图4-26所示。

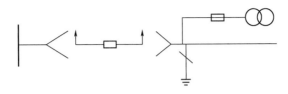

图 4-26 无线路压变手车的线路检修

4.1.4.3 母线检修

(1) 单母或单母分段的母线检修。在母线冷备用的基础上，母线上挂接地线或合上接地隔离开关，该母线上母线压变、避雷器应在冷备用状态（图 4-27 以 I 段母线为例）。

(2) 双母线接线的母线检修。在正母冷备用的基础上，正母母线压变、母线避雷器在冷备用状态，如图 4-28 所示。

(3) 内桥接线。在母线冷备用的基础上，母线上挂接地线或合上接地隔离开关，该母线上母线压变、避雷器应在冷备用状态（图 4-29 以 I 段母线为例）。

4.1.4.4 主变检修

(1) 主变三侧均有断路器。在主变冷备用的基础上，在主变的高、中、低压各侧挂接地线或合上接地隔离开关，并拉开主变冷却装置电源和有载调压开关电源，如图 4-30 所示。

(2) 内桥接线主变。在主变冷备用的基础上，在主变的高、低压侧各挂一组接地线或合上接地隔离开关，拉开主变冷却装置电源和有载调压开关电源，如图 4-31 所示。

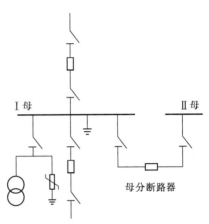

图 4-27 I 段母线检修
□—分闸断路器；＼—分闸隔离开关

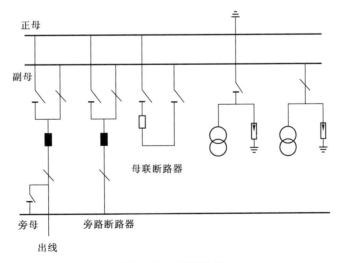

图 4-28 正母检修
□—分闸断路器；■—合闸断路器；／—合闸隔离开关；＼—分闸隔离开关

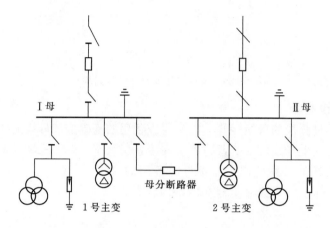

图 4-29 Ⅰ段母线检修

□—分闸断路器； ╱—合闸隔离开关； ╱—分闸隔离开关

注：部分地方调度规程规定，母线检修状态时，该母线上所接的母线压变及母线避雷器也在检修状态，即在该母线上所接的母线压变隔离开关高压侧或压变高压侧挂接地线一组。

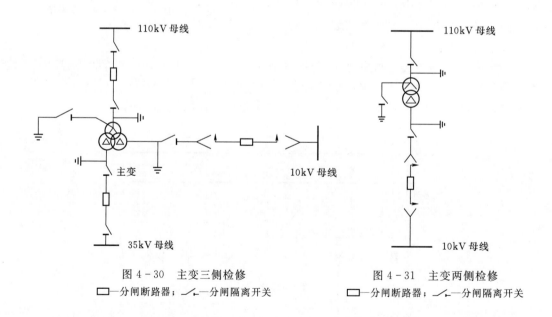

图 4-30 主变三侧检修

□—分闸断路器； ╱—分闸隔离开关

图 4-31 主变两侧检修

□—分闸断路器； ╱—分闸隔离开关

注意：①主变及各侧断路器检修，在主变的各侧母线隔离开关侧挂一组接地线或合上该处的接地隔离开关，拉开各侧断路器的操作电源、机构储能电源；②中、低压侧为手车断路器时，只需将中、低压侧断路器手车拉至柜外位置，并取下手车二次插件；③内桥接线的主变检修时，要注意退出桥断路器的该主变差动 TA 二次回路，以防主变做试验时将二次试验电流窜入桥开关的 TA 二次回路中引起误动。

4.2 倒闸操作票注意事项

填写倒闸操作票应在满足设备状态要求的情况下，根据具体的操作任务，按照倒闸操作的停、送电顺序进行填写，填写时必须注意以下内容：

(1) 应拉合的设备［断路器（开关）、隔离开关（刀闸）、接地隔离开关（装置）等］，验电，装拆接地线，合上（安装）或断开（拆除）控制回路或电压互感器回路的空气断路器、熔断器，切换保护回路和自动化装置及检验是否确无电压等。

(2) 拉合设备［断路器（开关）、隔离开关（刀闸）、接地隔离开关（装置）等］后检查设备的位置。

(3) 进行停、送电操作时，在拉合隔离开关（刀闸）、手车式断路器拉出、推入前，检查断路器（开关）确在分闸位置。

(4) 在进行倒负荷或解、并列操作前后，检查相关电源运行及负荷分配情况。

(5) 设备检修后合闸送电前，检查送电范围内接地隔离开关（装置）已拉开，接地线已拆除。

倒闸操作的顺序为：停电拉闸操作应按照断路器（开关）→负荷侧隔离开关（刀闸）→电源侧隔离开关（刀闸）的顺序依次进行，送电合闸操作应按与上述相反的顺序进行。禁止带负荷拉合隔离开关（刀闸）。

4.2.1 线路、断路器的操作票内容

(1) 用断路器进行冲击、充电时应检查设备冲击、充电情况；遇有合环、并列操作时，有同期装置的应用上同期装置，且在操作票中应单独列出。

(2) 断路器、隔离开关现场采用远方遥控操作的，在断路器或线路改冷备用时，应取下相应的遥控压板，或切换相应的远方/就地切换开关，防止人员遥控；遥控操作的隔离开关位置检查应单独一项填入操作票。

(3) 线路、断路器改冷备用时，应考虑取下本保护跳其他断路器的压板和其他保护（包括自动装置、公用保护）跳本断路器的压板；每块压板的操作应单独一步列入操作票。

(4) 接地操作时应根据工作票或停电申请单的要求考虑挂接地线还是合上接地隔离开关，如无特殊要求，可优先采用接地隔离开关。

(5) 断路器冷备用和线路冷备用的区别是对线路压变的操作。断路器冷备用一般不考虑操作线路压变（特殊情况下如线路压变装设在线路隔离开关与断路器之间的应考虑断路器改冷备时线路压变也改为冷备用）；而线路冷备用时，一般需将线路压变也考虑改冷备用，开操作票时应看清操作任务。

(6) 由于 TA 一般安装于断路器与线路隔离开关之间，故断路器改检修时，应考虑将该 TA 二次回路与其他公用保护（如母差、内桥接线的主变差动）退出列入操作票的内容；拟写操作步骤时，应先停用相应的保护后，再进行投退 TA 螺丝，并注意投退的先后顺序，防止 TA 二次侧开路。TA 投退成功后，还应将检查不平衡电流、测量保护的出口压板两端头确无电压后放上，单独填入操作票内容。以金华公司实际电路中的 1 号主变为

例，其倒闸操作票内容见表 4-1。

表 4-1　　　　　内桥接线时金培断路器由检修改热备用时对 TA 及压板的操作步骤

操作顺序	操作内容
1	取下 1 号主变差动保护投入压板 1LP
2	放上 1 号主变差动金培 1101 断路器 TA 切换端子短接螺丝
3	取下 1 号主变差动金培 1101 断路器 TA 切换端子连接螺丝
4	检查 1 号主变差动电流不大于 $0.1I_e$，实测差动电流：____ I_e
5	放上 1 号主变差动保护投入压板 1LP
6	测得 1 号主变差动保护跳金培 1101 断路器压板 1LP1 两端头确无电压后放上
7	测得 1 号主变 110kV 后备保护跳金培 1101 断路器压板 31LP6 两端头确无电压后放上
8	测得 1 号主变非电量保护跳金培 1101 断路器压板 4LP8 两端头确无电压后放上

4.2.2　母线的操作票内容

（1）双母线中一条母线需检修时，将检修母线上的出线倒至运行母线。倒排前，应将母差保护改互联，母联断路器改运行非自动；倒排操作时，运行的线路用热倒（即先合上运行母线上的隔离开关后拉开需检修母线上的隔离开关，简称先合后拉），热备用的线路用冷倒（先拉后合）。母线隔离开关分合后，应检查确认母差保护中正、副线隔离开关的位置是否正常，确认母差保护的不平衡电流不得超过规定值。

（2）母线倒排和 35kV、10kV 母线停复役操作任务中，应将操作顺序和现场实际位置相对应，以减少人员走动。

（3）110kV、35kV 母线改检修时如有母差保护的，母差保护分列压板应放上。母差保护分列压板的操作要求跟母联或母分断路器的状态相对应，母线硬连时只放上母线互联压板。特别是事故处理时应及时根据实际方式进行调整。

（4）管母的接地操作，在合上第一组接地隔离开关前应进行验电，验电点应选取与该组接地隔离开关最近的位置进行，合下一组接地隔离开关前以检查前一组接地隔离开关位置作为验电步骤。

（5）母线的复役操作时调度如没有特殊规定，优先考虑用母联断路器或母分断路器进行充电，并用上充电保护，充电正常后，应及时退出充电保护，若不退出，充电保护在系统中出现故障时将可能会误动使母联或母分断路器跳闸。

4.2.3　旁路断路器的操作票内容

1. 旁路代出线断路器时

（1）旁路断路器代出线断路器运行时，应根据整定单的要求更改、核对定值，使之与被代出线定值一致。

（2）检查确定旁路断路器的保护功能投入压板与整定单中被代出线的功能压板一致，包括投入相应的重合闸功能。

（3）如果有高频保护功能并可以切换至旁路的，高频保护的通道也应进行相应的切换操作。

2. 旁路代主变断路器时

（1）停用旁路本身的保护，投入主变断路器跳旁路断路器的压板，主变保护有两套的，应将不可旁路代的那套保护停用。

（2）主变的电压回路应切换到旁路。

（3）将旁路的 TA 切入主变的差动回路，退出主变断路器本身的 TA 回路。

3. 注意事项

（1）无论旁路代出线、还是旁路代主变的操作，如果用等电位操作时，在合上旁路隔离开关前应将旁路断路器以及出线（或主变）断路器改运行非自动。如果用差电位操作，则可以不改非自动。

（2）拉开被代断路器前，应检查旁路断路器及被代断路器的潮流分布情况，此项建议列入操作票的内容，特别是三相电流应基本均衡。

（3）旁路断路器对旁母充电时，旁路断路器保护投入，重合闸停用。

4.2.4　主变的操作票内容

1. 操作内容

（1）主变有载调压经 AVC 控制的，在主变的停复过程中，应单独列一步核对 AVC 的投入和退出情况，因 AVC 一般装在监控中心或调控中心。

（2）主变停电或充电前，必须先合上主变中性点接地隔离开关，充电后按调度继电保护运行方式考虑。

（3）主变中性点不接地保护的投退原则。主变中性点接地隔离开关合上后退出不接地保护，主变中性点接地隔离开关断开前投入不接地保护，主变的停、复役操作过程中主变的不接地保护不切换。

（4）正常备用的 110kV 主变（110kV 侧热备用），110kV 中性点接地隔离开关合上，零序保护停用（整定有要求者除外）。

（5）主变 10kV、35kV、110kV 侧复合序电压闭锁压板的操作跟主变断路器，当主变断路器改冷备用时退出复合序电压闭锁功能。当母线压变停役，二次侧不并列时也应退出主变相应的复合序电压闭锁功能。

（6）主变各侧均改检修时，可以不考虑主变的差动 TA 回路，当主变某侧断路器改检修时，应将该侧的 TA 回路退出主变的差动回路。主变差动 TA 切换操作原则：TA 切换前先停用主变的差动保护（无差动保护跳闸单独出口压板的取下差动保护投入压板，有差动保护跳闸单独出口压板的建议取下差动保护投入压板和差动保护跳闸出口压板），如果接地保护和差动保护共用一组 TA 的还应取下该侧的接地保护投入压板，TA 切换检查主变差流正常后投入主变差动保护，放上该侧接地保护投入压板。

2. 注意事项

（1）对于各侧都有断路器的主变，由运行改冷备用的操作时，主变保护跳主变各侧断路器压板不取，仅取下主变的各侧复压闭锁压板、主变保护跳其他断路器压板和其他保护跳主变断路器压板；主变及各侧断路器由冷备用改检修的操作中，各侧断路器的主变纵差 TA 不需退出，但各侧母差 TA 装有大电流切换端子的母差 TA 回路应退出，当某侧断路器不能同时复役时，在主变及某侧断路器由检修改冷备用的操作任务中将该侧断路器的纵差 TA 电流退出主变纵差回路。

（2）内桥接线主变停役，该主变所在 110kV 母线运行，停役主变 110kV 主变隔离开关断开时，取下停役主变跳桥断路器、对应线路断路器压板及相关闭锁压板。退出停役主变与 110kV 母分断路器及对应线路断路器的差动 TA 回路，使停役设备与运行设备一次、二次进行隔离。

（3）单线单变接线的主变在线路断路器改检修或主变改检修时主变差动 TA 都不需退出。

4.2.5 保护及自动装置的操作票内容

1. 操作内容

（1）保护功能投入压板（功能切换开关）投入，需确认后方投入的，应在操作票单独列一步检查项。

（2）投入主变差动保护、母差保护、线路光纤差动前要确证差动保护无越限差流、无异常告警信号，差流值检查单独一步开入操作票。主变差动保护差流值一般建议不超过差动启动值的 20％或以施工单位交底为准。

（3）保护及自动装置操作任务按"跳闸""信号""停用"三种状态拟写。跳闸状态一般指装置电源开启、功能压板和出口压板均投入；信号状态一般指出口压板退出（跳闸、启动失灵和启动重合闸等），功能压板投入，无单独出口压板的保护取下功能投入压板，装置电源仍开启；停用状态一般指功能压板和出口压板均退出，装置电源关闭。

2. 注意事项

（1）线路保护中包含有纵联保护的，纵联保护的投退应由调度单独下令。

（2）两套保护公用重合闸功能时，投退操作也应调度单独下令。

4.3 调度操作许可

近年来，随着电网的不断发展，在调度人员以及运维人员、检修人员相互之间的沟通、协调过程中，操作效率、检修时间保障、停电范围内未申请工作的再许可等问题矛盾逐渐显现出来，调度操作许可制度作为一种摸索阶段的规章制度，其先进性具体表现在以下方面：

（1）因操作票的操作顺序可由运维人员合理编排，减少了设备之间来回操作的走动时间，可以有效提高运维人员操作效率。

（2）因调度的工作许可，使同一停电范围内相关的工作许可不必再申请，理顺了调度人员、运维人员、检修人员的相关职责，减少了各个岗位的沟通环节，提高了各自的工作效率。

4.3.1 操作指令和操作许可的主要区别

（1）操作指令有综合操作指令和单项操作指令两种形式，操作指令前部不带"许可"词，工作的许可由调度单独发令。

（2）现场当值值班员收到调度的操作许可后，可根据现场工作、运行要求进行的设备停役及正常复役（或恢复备用），在规定的时间内自行掌握开始操作的时间，特别其中包含对检修工作的许可。操作许可一般是由现场当值人员向值班调度员提出操作许可申请后才操作设备，申请过程中双方必须说明许可（或终结）的任务内容，进行必要的设备状态移交。

（3）使用调度操作任务的一般原则。线路停（复）役、事故处理一般采用操作指令方式；厂站内设备（电容器、电抗器、主变、母线、所用变、保护及自动装置）状态变更一般采用操作许可方式；新设备投产冲击前设备状态变更一般采用操作许可方式，其他操作一般采用操作指令方式。

（4）调度操作许可令中的操作内容可能包含多设备的操作组合，现场当值人员要根据调度批复的停役申请单和检修单位提供的工作票的要求进行拟票。调度操作许可制的操作票拟票原则是：使具备检修条件的停役设备与一、二次运行设备隔离，检修设备的工作不会影响运行设备。在拟写操作许可的停（复）役操作票时，应在操作票的第一项写入"向地调申请××设备停役（或复役）"，在操作票的最后一项写入"××设备停役（或复役）正常，汇报地调"。

4.3.2 操作许可中的有关术语

1. 单元

单元指单母、单母分段或内桥接线（包括非完整内桥接线）变电站某电压等级的某段母线（包括压变、避雷器等）及与之相连的主变、母分断路器、出线断路器等。如：110kV Ⅰ单元，指110kV Ⅰ段母线（包括压变、避雷器等）、1号主变、接在Ⅰ段母线上的出线断路器、母分断路器。不完整内桥接线母线上有主变的，归属单元类；母线上无主变的，归属母线类；线变组归属主变类。

2. 转停役

转停役指现场当值人员得到当值调度操作许可后，将厂站内调度操作许可的设备从当值调度交给的状态开始，变更至现场工作票所要求的状态、设备布置安全措施并许可工作。

3. 转冷备用（热备用或备用）

转冷备用指现场当值人员在现场设备工作结束、验收合格，汇报调度并得到调度操作许可后，将厂站内当值调度操作许可的设备从停役转冷备用（热备用或单元转备用）状态，汇报调度。

4. 转运行（复役）

转运行指现场当值人员在现场设备工作结束、验收合格，汇报调度并得到调度"操作许可"后，将厂站内当值调度操作许可的设备从停役、冷备用或备用状态转至"正常方式"规定的状态，汇报调度。

5. 备用状态

单元的备用状态指该单元的母线上所有进线断路器冷备用，母分断路器热备用（仅有母分隔离开关的，则母分隔离开关处断开），母线压变运行，该单元的主变高压侧断路器热备用（主变高压侧仅有主变隔离开关的，则主变隔离开关合上），主变低（中）压侧断路器冷备用，如图4-32所示。

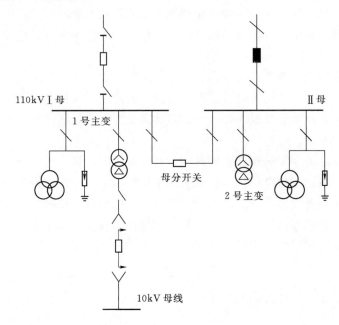

图4-32　110kVⅠ单元备用

□—分闸断路器；■—合闸断路器；╱—合闸隔离开关；╱—分闸隔离开关

4.3.3　调度操作许可制度实施方案

调度许可制度实施过程中应满足以下条件：

（1）停役操作的设备最终状态根据停役申请单或工作票的要求。

（2）操作许可令内容包含操作许可和工作许可。

（3）调度操作许可的内容按工作要求的状态一次操作到位，操作任务与调度许可令内容一致。

1. 单母接线的110kV母线的停、复役方案

（1）操作如下：

1）地调指令将该110kV母线所接的所有出线改冷备用。

2）地调指令110kV母线由运行改冷备用。

3）地调许可110kV母线由冷备用转停役。

4）地调许可110kV母线由停役转冷备用。

5）地调指令110kV母线由冷备用改运行。

6）地调指令将该110kV母线所接的出线改运行。

（2）控制要点：单母线接线的110kV母线由调度指令将母线改冷备用后开始许可。

（3）停役操作：许可110kV母线由冷备用转停役，操作内容为母线冷备用或改检修，母线压变冷备用或改检修，该母线所接的出线改断路器冷备用或检修。

（4）复役操作：许可110kV母线由停役转冷备用，操作内容为将母线、母线压变、及该母线所接的出线改断路器至冷备用。

2. 单母分段接线的变电站（有110kV母分断路器）单元停、复役方案

（1）操作如下：

1）配调指令：1号主变10kV断路器由运行改冷备用（如有35kV侧，也需改）。

2）地调指令：1号110kV主变断路器由运行改热备用。

3）地调指令：110kV所有出线断路器由运行改冷备用。

4）地调指令：110kV母分断路器由运行改热备用（正常方式运行时）。

5）地调许可令：许可110kV Ⅰ单元由备用转停役。

6）地调许可令：许可110kV Ⅰ单元由停役转备用。

7）地调指令：110kV出线由冷备用改运行（充母线）。

8）地调指令：1号主变110kV断路器由热备用改运行（充主变）。

9）地调指令：110kV母分断路器由热备用改运行（正常运行时）。

10）配调指令：1号主变10kV断路器由冷备用改运行（如有35kV侧也需改）。

（2）控制要点：有110kV母分断路器的单母分段接线的变电所，单元备用状态为（以110kV Ⅰ单元为例）1号主变10kV断路器冷备用（1号主变35kV断路器冷备用）；110kV Ⅰ段母线上的出线改冷备用；1号主变110kV断路器热备用；110kV母分断路器热备用。

（3）停役操作：许可110kV Ⅰ单元转停役，操作内容为110kV母分断路器改冷备用或检修，母线、母线压变改冷备用或检修，1号主变及两侧断路器改冷备用或检修，110kV Ⅰ段母线上的出线断路器冷备用或改检修，该线路改检修由调度指令操作，若有线路操作许可，地调在110kV出线由冷备用改检修的指令中说明包括线路设备工作许可。

（4）复役操作：许可110kV Ⅰ单元复役，操作内容为110kV母分断路器改热备用，母线、母线压变改运行，1号主变10kV断路器改冷备用（1号主变35kV开关冷备用），1号主变110kV断路器由运行改热备用，110kV Ⅰ段母线上的出线断路器冷备用。

3. 单母分段接线的变电站（用110kV母分隔离开关分段的）单元停、复役方案

（1）操作如下：

1）配调指令：1号主变10kV断路器由运行改冷备用。

2）地调指令：1号主变110kV主变断路器由运行改热备用。

3）地调指令：110kV Ⅰ段母线上的出线由运行改冷备用。

4）地调指令：拉开110kV母分隔离开关（正常方式运行时）。

5）地调许可令：许可110kV Ⅰ单元由备用转停役。

6）地调许可令：许可110kV Ⅰ单元由停役转备用。

7）地调指令：110kV Ⅰ段母线上的出线由冷备用改运行（充母线）。

8）地调指令：拉开（充母线的）110kV出线断路器（停电）。

9）地调指令：合上110kV母分隔离开关（正常方式运行时）。

10）地调指令：1号主变110kV断路器由热备用改运行（充主变）。

11）配调指令：1号主变10kV断路器由冷备用改运行。

（2）控制要点：用110kV母分隔离开关分段的单母分段接线的变电所，单元备用状态为（以110kV Ⅰ单元为例）1号主变10kV断路器冷备用，110kV Ⅰ段母线上的出线改冷备用，1号主变110kV断路器热备用，110kV母分隔离开关断开。

（3）停役操作：许可110kV Ⅰ单元转停役，操作内容为110kV Ⅰ段母线、母线压变改冷备用或检修，1号主变及两侧断路器改冷备用或检修，110kV Ⅰ段母线上的出线断路器冷备用或改检修。110kV Ⅰ段母线上的线路改检修由调度指令操作，若有线路工作许可，地调在110kV出线由冷备用改检修的指令中说明包括线路设备工作许可。

（4）复役操作：许可110kV Ⅰ单元复役，操作内容为110kV Ⅰ段母线、母线压变改运行，1号主变10kV断路器改冷备用，1号主变110kV断路器改热备用，110kV Ⅰ段母线上的出线断路器冷备用。

4. 单母分段接线的35kV母线停、复役方案（含两级调度）

（1）操作如下：

1）配调指令：35kV Ⅰ段母线上的出线改冷备用。

2）地调指令：35kV Ⅰ段母线由运行改冷备用。

3）地调许可令：许可35kV Ⅰ段母线由冷备用转停役。

4）地调许可令：许可35kV Ⅰ段母线由停役转冷备用。

5）地调指令：35kV Ⅰ段母线由冷备用改运行。

6）配调指令：35kV Ⅰ段母线上的35kV出线改运行。

（2）控制要点：单母分段接线的35kV母线在出线由配调指令操作（或许可制操作）改冷备用后，由地调指令将母线改冷备用后开始许可。

（3）停役操作：许可35kV Ⅰ段母线由冷备用转停役，操作内容为35kV Ⅰ段母线、母线压变、该母线所接的主变、所用变、电容器、电抗器、母分断路器冷备用或改检修，由配调调度的出线断路器不包括在内，地调地调的35kV出线断路器（指市本级）可包括在内，但应在许可令中加括号备注说明清楚。

（4）复役操作：许可35kV Ⅰ段母线由停役转冷备用，操作内容为35kV Ⅰ段母线、母线压变、该母线所接的主变、所用变、电容器、电抗器、母分断路器改冷备用，不能复役的出线断路器也应在括号内备注清楚。

（5）单母分段接线的35kV母线复役操作使用指令操作时，如"35kV Ⅰ段母线由冷备用改运行"的指令操作中，除母线及母线压变（包括所用变）改运行，在母线充电正常后还应将该母线所接的电容器、电抗器、母分断路器改热备用。此条适用与同级的配调10kV母线操作许可制中。

5. 双母线接线的110kV母线停、复役方案

（1）操作如下：

1）地调许可110kV正母可以停役。

2）地调许可110kV正母可以复役（改运行）。

（2）控制要点：双母线接线的110kV母线在运行状态下开始许可。

（3）停役操作：许可110kV正母可以停役，操作内容为倒排，110kV正母线改冷备

用或检修，母线压变改冷备用或检修。装有 BZT 的线路在倒排前停用 BZT，倒排完成后投入，调度不再单独下令。

（4）复役操作：许可 110kV 正母可以复役，操作内容为 110kV 正母线、母线压变由冷备用或检修改运行，用母联断路器对 110kV 正母线充电正常后，将运行方式恢复调度运行方式规定的正常方式，只要有线路不按正常方式恢复，调度都必须单独说明。

6. 内桥接线的变电所：单元停、复役方案

（1）操作如下：

1）配调指令：1号主变 10kV 断路器由运行改冷备用（如有 35kV 侧，也需改）。

2）地调指令：110kV Ⅰ段母线上的线路由运行改冷备用。

3）地调指令：110kV 母分断路器改热备用（正常运行时）。

4）地调许可令：110kV Ⅰ单元由备用转停役。

5）地调许可令：110kV Ⅰ单元由停役转备用。

6）地调指令：110kV Ⅰ段母线上的线路由冷备用改运行（充主变）。

7）地调指令：110kV 母分断路器由热备用改运行（正常运行时）。

8）配调指令：1号主变 10kV 断路器由冷备用改运行。

（2）控制要点：配调指令将1号主变 10kV 断路器改冷备用，地调指令操作将 110kV Ⅰ段母线上的线路改冷备用，110kV 母分断路器热备用后为单元备用状态，地调在单元备用后开始操作许可。

（3）停役操作：许可 110kV Ⅰ单元由备用转停役，操作内容为 110kV 母分断路器改冷备用或检修，110kV Ⅰ段母线、母线压变改冷备用或检修，1号主变及 10kV 断路器改冷备用或检修，110kV Ⅰ段母线上的出线断路器冷备用或改检修。110kV Ⅰ段母线上的线路改检修由调度指令操作，若变电所内有线路设备工作许可，地调在 110kV 出线由冷备用改检修的指令中说明包括线路设备工作许可〔如××线路由冷备用改检修（包括线路设备工作许可）〕。

（4）复役操作：许可 110kV Ⅰ单元由停役转备用，操作内容为 110kV 母分断路器改热备用，110kV Ⅰ段母线、母线压变改运行，1号主变 10kV 断路器改冷备用，1号主变改运行，110kV Ⅰ段母线上的出线断路器冷备用。

7. 主变停、复役方案

（1）操作如下：

1）配调指令：1号主变 10kV 断路器由运行改冷备用（如有 35kV 侧，也需改）。

2）地调指令：1号主变由运行改冷备用。

3）地调许可令：1号主变由冷备用转停役。

4）地调许可令：1号主变由停役转冷备用。

5）地调指令：1号主变由冷备用改运行。

6）配调指令：1号主变 10kV 断路器由冷备用改运行。

（2）控制要点：在调度指令将1号主变改冷备用后，开始操作许可。

（3）停役操作：许可1号主变由冷备用转停役，操作内容为1号主变及各侧开关根据停役申请单和工作票的要求改冷备用或检修状态。

（4）复役操作：许可1号主变由停役转冷备用，操作内容为（以金培1101为例）将1号主变及各侧断路器改冷备用。1号主变各侧断路器由冷备用改运行的操作由调度指令操作。

8. 对单一出线的停、复役方案

（1）操作如下：

1）地调指令：金培1101线路由运行改冷用。

2）地调许可令：金培1101断路器可以停役。

3）地调指令：金培1101线路由冷备用改检修（包括线路设备工作许可）。

4）地调指令：金培1101线路出线由检修改冷备用。

5）地调许可令：金培1101断路器可以复役。

6）地调指令：金培1101线路由冷备用改运行。

（2）控制要点：断路器冷备用状态后改开关检修的操作由调度许可，线路改状态由于需要对侧变电站的配合，需调度指令形式下发。

（3）停役操作：许可金培1101断路器可以停役，操作内容为金培1101断路器冷备用或改检修，若检修工作要求断路器在冷备用状态则不需操作，许可令的内容仅为所内工作许可。

（4）复役操作：许可金培1101断路器可以复役，操作内容为出线断路器改冷备用，断路器已在冷备用状态则不需操作，现场确认开关确在冷备用状态即可。

（5）实施办法：地调许可金培1101断路器可以停役和复役操作票的操作内容为检查金培1101断路器确在冷备用状态。

注：地调与配调在出线的停、复役中有不同之处：配调允许多条出线停、复役在同一个许可令中操作。

9. 单一设备停、复役方案

单一设备包括各类断路器、电容器、电抗器、站用变压器、接地变压器、压变、避雷器等，旁母（电容器、电抗器、所用变、接地变等停复役包含相应断路器）等。

例：110kV旁路母线的停、复役包括：①地调许可110kV旁母可以停役；②地调许可110kV旁母可以复役（充电）。

（1）控制要点：电容器、电抗器停役操作从热备用开始，复役操作恢复至断路器热备用状态，所用变、接地变、压变、避雷器停役从运行开始，复役操作恢复至运行状态。

（2）停役操作旁母从运行改冷备用或检修（由于110kV母线停役时总包括母线上断路器停役，所以包括旁路断路器、旁母）。复役操作，旁母改运行（正母充电还是副母充电调度下许可令时明确）。

10. 二次保护与自动装置停、复役方案

二次保护与自动装置的操作地调方式一般采用许可令，其格式为：①许可××保护可以停役；②许可××保护可以复役。

控制要点：保护的停、复役根据工作票的要求操作到信号（或者停用）状态，但涉及线路对侧需要相互之间配合的保护（如高频保护）需单独指令停用高频保护后，才能许可该套保护的停役，复役时先许可投入保护，然后对高频保护单独指令下达。

11. 调度操作许可的其他注意事项

（1）各侧带断路器的主变，许可制操作"主变停役"拟票时应注意：一次设备操作到工作票要求的状态；二次压板操作：不取停役主变保护跳本主变各侧断路器压板，只取下本主变保护跳其他断路器或闭锁其他设备的压板和其他保护跳本主变断路器的压板；二次TA回路的操作：主变差动保护的各侧TA回路不退出，当某侧开关因故不能同时复役时，在复役操作时将该侧的主变断路器差动TA退出主变纵差回路。主变各侧的母差保护装有TA切换端子的，在主变及各侧断路器停役时将各侧断路器的母差TA退出母差保护。

（2）内桥接线的单元停役的许可制操作票拟写时应注意：一次设备操作到工作票要求的状态；二次压板操作：不取停役主变保护跳110kV母分断路器的压板，而应取下运行主变跳110kV母分断路器的压板及有关闭锁压板；二次TA回路的操作：退出运行主变与110kV母分断路器TA的差动回路，使运行主变与停役的110kV母分的差动回路断开，中、低压侧的主变差动TA不操作。

（3）内桥接线的110kVⅠ（Ⅱ）单元许可制停役，当110kV母分断路器不能与其他设备一起复役时，复役票拟写时应注意：一次设备操作到要求的状态；二次压板操作：应取下停役主变保护跳110kV母分断路器的压板；二次TA回路的操作：退出停役主变与110kV母分断路器TA的差动回路，使110kV母分断路器与1号、2号主变压器的差动回路断开。

（4）内桥接线的110kVⅠ（Ⅱ）单元许可制停役，当110kV出线断路器不能与其他设备一起复役时，复役票拟写时应注意：一次设备操作到要求的状态；二次TA回路的操作：退出停役主变与110kV出线断路器TA的差动回路，使110kV出线断路器与复役主变的差动回路断开。

（5）操作任务为"许可10kVⅠ母线由冷备用转停役"，10kV断路器为中置柜的，应将主变10kV断路器、10kV母分断路器（或10kV母分插头手车）和母线压变手车拉至柜外，其他断路器手车在试验位置，但应拉开储能电源开关，取下二次插件。根据工作票要求将相应间隔改检修。

4.3.4 典型操作票范例

4.3.4.1 主变（有高压侧断路器）

（1）操作任务：许可实训变1号主变由冷备用转停役，见表4-2。

表4-2   许可实训变1号主变由冷备用转停役的操作步骤

操作顺序	操 作 内 容	备 注
1	向地调申请实训变1号主变转停役	
2	检查1号主变及两侧断路器确在冷备用状态	
3	拉开1号主变有载调压电源开关	
4	检查1号主变10kV断路器确在冷备用状态	
5	拉开1号主变10kV断路器储能电源	

操作顺序	操 作 内 容	备 注
6	取下1号主变10kV断路器手车二次插件	
7	将1号主变10kV断路器手车拉至柜外	
8	在1号主变10kV主变插头主变侧验电，放电，挂接地线	
9	检查1号主变110kV断路器确在冷备用状态	
10	在1号主变110kV断路器母线侧验明确无电压	
11	合上1号主变110kV断路器母线侧接地闸隔离开关	
12	检查1号主变110kV断路器母线侧接地隔离开关确在合上位置	
13	拉开1号主变110kV断路器储能电源开关	
14	在1号主变110kV套管处验电、放电，挂接地线	
15	在1号主变10kV套管处验电，放电，挂接地线	
16	拉开1号主变10kV断路器控制电源开关	
17	拉开1号主变110kV断路器控制电源开关	
18	实训变1号主变转停役正常，汇报地调	

（2）操作任务：许可实训变1号主变由停役转冷备用，见表4-3。

表4-3　　　　　　　　　许可实训变1号主变由停役转冷备用操作步骤

操作顺序	操 作 内 容	备 注
1	向地调申请实训变1号主变转冷备用	
2	合上1号主变10kV断路器控制电源开关	
3	合上1号主变110kV断路器控制电源开关	
4	拆除1号主变10kV主变插头主变侧____接地线，并检查	
5	将1号主变10kV断路器手车推至试验位置，并检查	
6	放上1号主变10kV断路器手车二次插件	
7	合上1号主变10kV断路器储能电源开关	
8	拉开1号主变110kV断路器母线侧接地隔离开关	
9	检查1号主变110kV断路器母线侧接地隔离开关确在断开位置	
10	合上1号主变110kV断路器储能电源开关	
11	拆除1号主变10kV套管处____接地线，并检查	
12	拆除1号主变110kV套管处____接地线，并检查	
13	合上1号主变有载调压电源开关	
14	实训变1号主变转冷备用正常，汇报地调	

4.3.4.2　内桥接线的主变

（1）操作任务：许可实训变1号主变由冷备用转停役，见表4-4。

表 4-4　　　　　　　许可实训变 1 号主变由冷备用转停役操作步骤

操作顺序	操作内容	备注
1	向地调申请实训变 1 号主变转停役	
2	检查 1 号主变确在冷备用状态	
3	拉开 1 号主变有载调压电源开关	
4	检查 1 号主变 10kV 断路器确在冷备用状态	
5	拉开 1 号主变 10kV 断路器储能电源开关	
6	取下 1 号主变 10kV 断路器手车二次插件	
7	将 1 号主变 10kV 断路器手车拉至柜外	
8	在 1 号主变 10kV 主变插头主变侧验电，放电，挂＿＿接地线	
9	在 1 号主变 110kV 套管处验电，放电，挂＿＿接地线	
10	在 1 号主变 10kV 套管处验电，放电，挂＿＿接地线	
11	拉开 1 号主变 10kV 断路器控制电源开关	
12	实训变 1 号主变转停役正常，汇报地调	

（2）操作任务：许可实训变 1 号主变由停役转冷备用，见表 4-5。

表 4-5　　　　　　　许可实训变 1 号主变由停役转冷备用操作步骤

操作顺序	操作内容	备注
1	向地调申请实训变 1 号主变转冷备用	
2	合上 1 号主变 10kV 断路器控制电源开关	
3	拆除 1 号主变 10kV 主变插头主变侧＿＿接地线，并检查	
4	将 1 号主变 10kV 断路器手车推至试验位置，并检查	
5	放上 1 号主变 10kV 断路器手车二次插件	
6	合上 1 号主变 10kV 断路器储能电源开关	
7	拆除 1 号主变 10kV 套管处＿＿接地线，并检查	
8	拆除 1 号主变 110kV 套管处＿＿接地线，并检查	
9	合上 1 号主变有载调压电源开关	
10	实训变 1 号主变转冷备用正常，汇报地调	

4.3.4.3　单元部分

1. 110kV 内桥接线

（1）操作任务：许可实训变 110kV Ⅰ 单元由备用转停役，见表 4-6。

表 4-6　　　　　　　许可实训变 110kV Ⅰ 单元由备用转停役操作步骤

操作顺序	操作内容	备注
1	向地调申请实训变 110kV Ⅰ 单元转停役	
2	将 110kV 母分近远控切换开关切至就地位置	
3	检查 110kV 母分断路器确在断开位置	

操作顺序	操 作 内 容	备 注
4	拉开 110kV 母分 I 段隔离开关	
5	检查 110kV 母分 I 段隔离开关确在断开位置	
6	拉开 110kV 母分 II 段隔离开关	
7	检查 110kV 母分 II 段隔离开关确在断开位置	
8	检查金培 1101 确在冷备用状态	
9	检查 1 号主变 10kV 断路器确在断开位置	
10	拉开 1 号主变 110kV 主变隔离开关	
11	检查 1 号主变 110kV 主变隔离开关确在断开位置	
12	拉开 1 号主变 110kV 中性点接地隔离开关	
13	检查 1 号主变 110kV 中性点接地隔离开关确在断开位置	
14	拉开 110kV I 段母线压变低压空气断路器	
15	拉开 110kV I 段母线压变仪表空气断路器	
16	拉开 110kV I 段母线压变隔离开关	
17	检查 110kV I 段母线压变隔离开关确在断开位置	
18	取下 2 号主变非电量跳 110kV 母分断路器压板 4LP11	
19	取下 2 号主变 110kV 后备跳 110kV 母分断路器压板 31LP9	
20	取下 2 号主变差动跳 110kV 母分断路器压板 1LP4	
21	取下 2 号主变差动保护投入压板 1LP7	取下 2 号主变保护跳 110kV 母分断路器压板
22	放上 2 号主变 110kV 母分断路器差动 TA 切换端子短接螺丝	
23	取下 2 号主变 110kV 母分断路器差动 TA 切换端子连接螺丝	
24	检查 2 号主变差动电流不大于 0.1I_e，实测：____ I_e	
25	放上 2 号主变差动保护投入压板 1LP7	
26	拉开 1 号主变有载调压电源开关	
27	检查 1 号主变 10kV 断路器确在冷备用状态	
28	拉开 1 号主变 10kV 断路器储能电源开关	
29	取下 1 号主变 10kV 断路器手车二次插件	
30	将 1 号主变 10kV 断路器手车拉至柜外	
31	在 1 号主变 10kV 主变插头主变侧验电，放电，挂____接地线	
32	在 1 号主变 110kV 套管处验电，放电，挂____接地线	
33	在 1 号主变 10kV 套管处验电，放电，挂____接地线	
34	在 110kV I 段母线压变隔离开关压变侧验电，放电，挂____接地线	
35	在 110kV I 段母线压变隔离开关母线侧验电，放电，挂____接地线	
36	拉开 110kV 母分断路器储能电源开关	
37	在 110kV 母分断路器 II 段母线侧验电明确无电压	
38	合上 110kV 母分断路器 II 段母线侧接地隔离开关	

操作顺序	操 作 内 容	备 注
39	检查 110kV 母分断路器 Ⅱ 段母线侧接地隔离开关确在合上位置	
40	拉开金培 1101 断路器储能电源开关	
41	在金培 1101 线路隔离开关断路器侧验电，放电，挂____接地线	
42	拉开金培 1101 控制电源开关	
43	拉开 110kV 母分控制电源开关	
44	拉开 1 号主变 10kV 控制电源开关	
45	实训变 110kV Ⅰ 单元转停役正常，汇报地调	

（2）操作任务：许可实训变 110kV Ⅰ 单元由停役转备用，见表 4 - 7。

表 4 - 7　　　　　　　许可实训变 110kV Ⅰ 单元由停役转备用操作步骤

操作顺序	操 作 内 容	备 注
1	向地调申请实训变 110kV Ⅰ 单元转备用	
2	合上 1 号主变 10kV 控制电源开关	
3	合上金培 1101 控制电源开关	
4	合上 110kV 母分控制电源开关	
5	拆除金培 1101 线路隔离开关断路器侧____接地线，并检查	
6	合上金培 1101 断路器储能电源开关	
7	拆除 110kV Ⅰ 段母线压变隔离开关压变侧____接地线，并检查	
8	拆除 110kV Ⅰ 段母线压变隔离开关母线侧____接地线，并检查	
9	拉开 110kV 母分断路器 Ⅱ 段母线侧接地隔离开关	
10	检查 110kV 母分断路器 Ⅱ 段母线侧接地隔离开关确在断开位置	
11	合上 110kV 母分断路器储能电源开关	
12	拆除 1 号主变 110kV 套管处____接地线，并检查	
13	拆除 1 号主变 10kV 套管处____接地线，并检查	
14	拆除 1 号主变 10kV 主变插头主变侧____接地线，并检查	
15	将 1 号主变 10kV 断路器手车推至试验位置，并检查	
16	放上 1 号主变 10kV 断路器手车二次插件	
17	合上 1 号主变 10kV 断路器储能电源开关	
18	合上 1 号主变有载调压电源开关	
19	取下 2 号主变差动保护投入压板 1LP7	将 110kV 母分断路器差动 TA 开入 2 号主变差动回路
20	放上 2 号主变 110kV 母分断路器差动 TA 切换端子连接螺丝	
21	取下 2 号主变 110kV 母分断路器差动 TA 切换端子短接螺丝	
22	检查 2 号主变差动电流不大于 $0.1I_e$，实测：____ I_e	
23	放上 2 号主变差动保护投入压板 1LP7	
24	检查 110kV Ⅰ 段母线上确无接地线	

操作顺序	操 作 内 容	备 注
25	合上 110kV Ⅰ 段母线压变隔离开关	
26	检查 110kV Ⅰ 段母线压变隔离开关确在合上位置	
27	合上 110kV Ⅰ 段母线压变低压空气断路器	
28	合上 110kV Ⅰ 段母线压变仪表空气断路器	
29	检查 110kV 母分断路器确在断开位置	
30	合上 110kV 母分Ⅱ段隔离开关	
31	检查 110kV 母分Ⅱ段隔离开关确在合上位置	
32	合上 110kV 母分Ⅰ段隔离开关	
33	检查 110kV 母分Ⅰ段隔离开关确在合上位置	
34	检查金培 1101 断路器确在断开位置	
35	合上 1 号主变 110kV 主变隔离开关	
36	检查 1 号主变 110kV 主变隔离开关确在合上位置	
37	合上 1 号主变 110kV 中性点接地隔离开关	
38	检查 1 号主变 110kV 中性点接地隔离开关确在合上位置	
39	测得 2 号主变差动跳 110kV 母分断路器压板 1LP4 两端头确无电压后放上	
40	测得 2 号主变非电量跳 110kV 母分断路器压板 4LP11 两端头确无电压后放上	放上 2 号主变跳 110kV 母分断路器压板
41	测得 2 号主变 110kV 后备跳 110kV 母分断路器压板 31LP9 两端头确无电压后放上	
42	将 110kV 母分近远控切换开关切至远控位置	
43	实训变 110kV Ⅰ 单元转备用正常，汇报地调	

（3）操作任务：许可实训变 110kV Ⅰ 单元由停役转备用（110kV 母分断路器仍处检修），见表 4 - 8。

表 4 - 8　许可实训变 110kV Ⅰ 单元由停役转备用操作步骤（110kV 母分断路器仍处检修）

操作顺序	操 作 内 容	备 注
1	向地调申请实训变 110kV Ⅰ 单元转备用	
2	合上 1 号主变 10kV 控制电源开关	
3	合上金培 1101 控制电源开关	
4	拆除金培 1101 线路隔离开关断路器侧＿＿＿接地线，并检查	
5	合上金培 1101 开关储能电源开关	
6	拆除 110kV Ⅰ 段母线压变隔离开关压变侧＿＿＿接地线，并检查	
7	拆除 110kV Ⅰ 段母线压变隔离开关母线侧＿＿＿接地线，并检查	
8	在 110kV 母分断路器 Ⅰ 段母线侧验明确无电压	110kV 母分断路器改检修
9	合上 110kV 母分断路器 Ⅰ 段母线侧接地隔离开关	

操作顺序	操　作　内　容	备　　注
10	检查 110kV 母分断路器 I 段母线侧接地隔离开关确在合上位置	
11	拆除 1 号主变 110kV 套管处＿＿接地线，并检查	
12	拆除 1 号主变 10kV 套管处＿＿接地线，并检查	
13	拆除 1 号主变 10kV 主变插头主变侧＿＿接地线，并检查	
14	将 1 号主变 10kV 断路器手车推至试验位置，并检查	
15	放上 1 号主变 10kV 断路器手车二次插件	
16	合上 1 号主变 10kV 断路器储能电源开关	
17	合上 1 号主变有载调压电源开关	
18	取下 1 号主变非电量跳 110kV 母分断路器压板 4LP11	取下 1 号主变保护跳 110kV 母分断路器压板
19	取下 1 号主变 110kV 后备跳 110kV 母分断路器压板 31LP9	
20	取下 1 号主变差动跳 110kV 母分断路器压板 4LP11	
21	取下 1 号主变差动保护投入压板 1LP	110kV 母分断路器差动 TA 退出 1 号主变差动回路
22	检查 1 号主变差动跳金培 1101 断路器压板 1LP1 确已取下	
23	检查 1 号主变差动跳 10kV 断路器压板 1LP2 确已取下	
24	放上 1 号主变 110kV 母分断路器差动 TA 切换端子短接螺丝	
25	取下 1 号主变 110kV 母分断路器差动 TA 切换端子连接螺丝	
26	检查 1 号主变差动电流不大于 $0.1I_e$，实测：＿＿I_e	
27	放上 1 号主变差动保护投入压板 1LP	
28	检查 110kV I 段母线上确无接地线	
29	合上 110kV I 段母线压变隔离开关	
30	检查 110kV I 段母线压变隔离开关确在合上位置	
31	合上 110kV I 段母线压变低压空气断路器	
32	合上 110kV I 段母线压变仪表空气断路器	
33	检查金培 1101 断路器确在断开位置	
34	检查 110kV 母分断路器确在断开位置	
35	合上 1 号主变 110kV 主变隔离开关	
36	检查 1 号主变 110kV 主变隔离开关确在合上位置	
37	合上 1 号主变 110kV 中性点接地隔离开关	
38	检查 1 号主变 110kV 中性点接地隔离开关确在合上位置	
39	实训变 110kV I 单元转备用（110kV 母分断路器不复役）正常，汇报地调	

2. 110kV 单母分段接线

（1）操作任务：许可实训变 110kV I 单元由备用转停役，见表 4-9。

表 4-9	许可实训变 110kV Ⅰ 单元由备用转停役操作步骤	
操作顺序	操 作 内 容	备 注
1	向地调申请实训变 110kV Ⅰ 单元转停役	
2	将 110kV 母分近远控切换开关切至就地位置	
3	将 1 号主变 110kV 近远控切换开关切至就地位置	
4	检查 110kV 母分断路器确在断开位置	
5	拉开 110kV 母分 Ⅰ 段隔离开关	
6	检查 110kV 母分 Ⅰ 段隔离开关确在断开位置	
7	拉开 110kV 母分 Ⅱ 段隔离开关	
8	检查 110kV 母分 Ⅱ 段隔离开关确在断开位置	
9	检查 1 号主变 110kV 断路器确在断开位置	
10	拉开 1 号主变 110kV 主变隔离开关	
11	检查 1 号主变 110kV 主变隔离开关确在断开位置	
12	拉开 1 号主变 110kV 母线隔离开关	
13	检查 1 号主变 110kV 母线隔离开关确在断开位置	
14	拉开 1 号主变 110kV 中性点接地隔离开关	
15	检查 1 号主变 110kV 中性点接地隔离开关确在断开位置	
16	拉开 110kV Ⅰ 段线压变低压空气断路器	
17	拉开 110kV Ⅰ 段母线压变仪表空气断路器	
18	拉开 110kV Ⅰ 段母线压变隔离开关	
19	检查 110kV Ⅰ 段母线压变隔离开关确在断开位置	
20	拉开 1 号主变有载调压电源开关	
21	检查 1 号主变 10kV 断路器确在冷备用状态	
22	拉开 1 号主变 10kV 断路器储能电源开关	
23	取下 1 号主变 10kV 断路器手车二次插件	
24	将 1 号主变 10kV 断路器手车拉至柜外	
25	在 1 号主变 10kV 主变插头主变侧验电，放电，挂＿＿接地线	
26	在 1 号主变 110kV 套管处验电，放电，挂＿＿接地线	
27	在 1 号主变 10kV 套管处验电，放电，挂＿＿接地线	
28	在 110kV Ⅰ 段母线压变隔离开关压变侧验电，放电，挂＿＿接地线	
29	在 110kV Ⅰ 段母线压变隔离开关母线侧验电，放电，挂＿＿接地线	
30	拉开 110kV 母分断路器储能电源开关	
31	在 110kV 母分断路器 Ⅱ 段母线侧验明确无电压	
32	合上 110kV 母分断路器 Ⅱ 段母线侧接地隔离开关	
33	检查 110kV 母分断路器 Ⅱ 段母线侧接地隔离开关确在合上位置	
34	拉开金培 1101 断路器储能电源开关	
35	拉开 1 号主变 110kV 断路器储能电源开关	

操作顺序	操作内容	备注
36	在金培1101线路隔离开关断路器侧验电，放电，挂____接地线	
37	拉开金培1101控制电源开关	
38	拉开110kV母分控制电源开关	
39	拉开1号主变10kV断路器控制电源开关	
40	拉开1号主变110kV断路器控制电源开关	
41	实训变110kVⅠ单元转停役正常，汇报地调	

（2）操作任务：许可实训变110kVⅠ单元由停役转备用，见表4-10。

表4-10　　　　　许可实训变110kVⅠ单元由停役转备用操作步骤

操作顺序	操作内容	备注
1	向地调申请实训变110kVⅠ单元转备用	
2	合上1号主变10kV断路器控制电源开关	
3	合上1号主变110kV断路器控制电源开关	
4	合上金培1101控制电源开关	
5	合上110kV母分控制电源开关	
6	拆除金培1101线路隔离开关断路器侧____接地线，并检查	
7	合上金培1101断路器储能电源开关	
8	拆除110kVⅠ段母线压变隔离开关压变侧____接地线，并检查	
9	拆除110kVⅠ段母线压变隔离开关母线侧____接地线，并检查	
10	拉开110kV母分断路器Ⅱ段母线侧接地隔离开关	
11	检查110kV母分断路器Ⅱ段母线侧接地隔离开关确在断开位置	
12	合上110kV母分断路器储能电源开关	
13	合上1号主变110kV断路器储能电源开关	
14	拆除1号主变110kV套管处____接地线，并检查	
15	拆除1号主变10kV套管处____接地线，并检查	
16	拆除1号主变10kV主变插头主变侧____接地线，并检查	
17	将1号主变10kV断路器手车推至试验位置，并检查	
18	放上1号主变10kV断路器手车二次插件	
19	合上1号主变10kV断路器储能电源开关	
20	合上1号主变有载调压电源开关	
21	检查110kVⅠ段母线上确无接地线	
22	合上110kVⅠ段母线压变隔离开关	
23	检查110kVⅠ段母线压变隔离开关确在合上位置	
24	合上110kVⅠ段母线压变低压空气断路器	
25	合上110kVⅠ段母线压变仪表空气断路器	

操作顺序	操作内容	备注
26	检查 110kV 母分断路器确在断开位置	
27	合上 110kV 母分Ⅱ段隔离开关	
28	检查 110kV 母分Ⅱ段隔离开关确在合上位置	
29	合上 110kV 母分Ⅰ段隔离开关	
30	检查 110kV 母分Ⅰ段隔离开关确在合上位置	
31	检查 1 号主变 110kV 断路器确在断开位置	
32	合上 1 号主变 110kV 母线隔离开关	
33	检查 1 号主变 110kV 母线隔离开关确在合上位置	
34	合上 1 号主变 110kV 主变隔离开关	
35	检查 1 号主变 110kV 主变隔离开关确在合上位置	
36	合上 1 号主变 110kV 中性点接地隔离开关	
37	检查 1 号主变 110kV 中性点接地隔离开关确在合上位置	
38	将 110kV 母分近远控切换开关切至远控位置	
39	将 1 号主变 110kV 近远控切换开关切至远控位置	
40	实训变 110kVⅤ单元转备用正常，汇报地调	

4.3.4.4 10kV 母线

（1）许可实训变 10kVⅠ段母线由冷备用转停役，见表 4-11。

表 4-11 许可实训变 10kVⅠ段母线由冷备用转停役操作步骤

操作顺序	操作内容	备注
1	向地调申请实训变 10kVⅠ段母线停役	
2	检查 10kVⅠ段母线确在冷备用状态	
3	取下 10kVⅠ段母线压变避雷器手车二次插件	无可靠闭锁的已在柜外位置
4	将 10kVⅠ段母线压变避雷器手车拉至柜外	
5	在 10kVⅠ段母线上验电、放电、挂___接地线	
6	将该母线上的出线、所用变、电容器、接地变改检修	
7	10kVⅠ段母线停役正常，汇报地调	

（2）操作任务：许可实训变 10kVⅠ段母线由停役转冷备用，见表 4-12。

表 4-12 许可实训变 10kVⅠ段母线由停役转冷备用操作步骤

操作顺序	操作内容	备注
1	向地调申请实训变 10kVⅠ段母线转冷备用	
2	拆除 10kVⅠ段母线上___接地线	
3	检查 10kVⅠ段母线上确无遗留接地线	
4	将该母线上的出线、所用变、电容器、接地变改冷备用	
5	将 10kVⅠ段母线压变避雷器手车推至试验位置，并检查	无可靠闭锁的在柜外位置
6	放上 10kVⅠ段母线压变避雷器手车二次插件	
7	实训变 10kVⅠ段母线转冷备用正常，汇报地调	

4.3.4.5　开关操作（内桥）

（1）许可实训变金培 1101 断路器停役，见表 4 - 13。

表 4 - 13　　　　　　　许可实训变金培 1101 断路器停役操作步骤

操作顺序	操作　内　容	备　　注
1	向地调申请实训变金培 1101 断路器转停役	
2	拉开金培 1101 断路器	
3	将金培 1101 近远控切换开关切至就地位置	
4	检查金培 1101 断路器确在断开位置	
5	拉开金培 1101 线路隔离开关	
6	检查金培 1101 线路隔离开关确在断开位置	
7	拉开金培 1101 母线隔离开关	
8	检查金培 1101 母线隔离开关确在断开位置	
9	在金培 1101 断路器母线侧验明确无电压	
10	合上金培 1101 断路器母线侧接地隔离开关	
11	检查金培 1101 断路器母线侧接地隔离开关确在合上位置	
12	在金培 1101 断路器线路侧验明确无电压	
13	合上金培 1101 断路器线路侧接地隔离开关	
14	检查金培 1101 断路器线路侧接地隔离开关确在合上位置	
15	拉开金培 1101 断路器机构电源隔离开关	
16	取下 1 号主变非电量保护跳金培 1101 断路器压板 4LP8	
17	取下 1 号主变 110kV 后备保护跳金培 1101 断路器压板 31LP6	
18	取下 1 号主变差动保护跳金培 1101 断路器压板 1LP1	
19	取下 1 号主变差动保护投入压板 1LP	金培 1101 断路器 1 号主变差动 TA 电流退出差动回路（装有母差 TA 切换端子的操作）
20	放上 1 号主变金培 1101 断路器差动 TA 切换端子短接螺丝	
21	取下 1 号主变金培 1101 断路器差动 TA 切换端子连接螺丝	
22	检查 1 号主变差动电流不大于 $0.1I_e$，实测：____ I_e	
23	放上 1 号主变差动保护投入压板 1LP	
24	拉开金培 1101 断路器控制电源开关	
25	实训变金培 1101 断路器转停役正常，汇报地调	

（2）操作任务：许可实训变金培 1101 断路器复役，见表 4 - 14。

表 4 - 14　　　　　　　许可实训变金培 1101 断路器复役操作步骤

操作顺序	操作　内　容	备　　注
1	向地调申请实训变金培 1101 断路器复役	
2	合上金培 1101 断路器控制电源开关	
3	合上金培 1101 断路器机构电源隔离开关	
4	拉开金培 1101 断路器线路侧接地隔离开关	

操作顺序	操 作 内 容	备 注
5	检查金培 1101 断路器线路侧接地隔离开关确在断开位置	
6	拉开金培 1101 断路器母线侧接地隔离开关	
7	检查金培 1101 断路器母线侧接地隔离开关确在断开位置	
8	取下 1 号主变差动保护投入压板 1LP	
9	放上 1 号主变金培 1101 断路器差动 TA 切换端子连接螺丝	
10	取下 1 号主变金培 1101 断路器差动 TA 切换端子短接螺丝	
11	检查 1 号主变差动电流不大于 $0.1I_e$，实测： ____ I_e	
12	放上 1 号主变差动保护投入压板 1LP	金培 1101 断路器 1 号主变差动 TA 电流投入差动回路（装有母差 TA 切换端子的也要操作）
13	测得 1 号主变差动保护跳金培 1101 断路器压板 1LP1 两端头确无电压后放上	
14	测得 1 号主变 110kV 后备保护跳金培 1101 断路器压板 31LP6 两端头确无电压后放上	
15	测得 1 号主变非电量保护跳金培 1101 断路器压板 4LP8 两端头确无电压后放上	
16	检查金培 1101 断路器确在断开位置	
17	合上金培 1101 母线隔离开关	
18	检查金培 1101 母线隔离开关确在合上位置	
19	合上金培 1101 线路隔离开关	
20	检查金培 1101 线路隔离开关确在合上位置	
21	将金培 1101 近远控切换开关切至远控位置	
22	合上金培 1101 断路器	
23	检查金培 1101 断路器确在合闸位置	
24	实训变金培 1101 断路器复役正常，汇报地调	

4.4　操作票的管理要求

变电站或运维班的倒闸操作票应事先连续编号；对同一运维班管辖变电站的操作票也可采用"变电站名＋数字编号"的形式分别连续编号。倒闸操作票按编号顺序使用，一个年度内不得使用重复编号。计算机生成的操作票应在正式出票前连续编号。

4.4.1　操作票印章的应用

（1）作废的操作票，应盖"作废"章，未执行的应盖"未执行"章，已操作的应盖"已执行"章。经计算机打印后的操作票，不论是否执行，均应保存；发令人、接令人、发令时间、操作时间、人员签名不得用计算机打印，应手工填写。

（2）"操作任务"栏写满后，继续在"操作项目"栏内填写，任务写完后，空一行再写操作步骤。若一个操作任务连续使用几页操作票，则在前一页"备注"栏内写"接下"，在后一页的"操作任务"栏内写"接上页"。操作票因故作废应在"操作任务"栏及操作步骤第一行左顶端盖"作废"章，若一个任务使用几页操作票均作废，则应在后续各页操作步骤第一行左顶端均盖"作废"章，并在作废操作票页"备注"栏内注明作废原因。当作废页数较多且作废原因注明内容较多时，可自第二张作废页开始在"备注"栏中注明"作废原因同上页"。

（3）在操作票执行过程中因故终止操作，则应在已操作完的步骤下一步左顶端盖"已执行"章，并在"备注"栏内注明终止原因；若此任务还有几页未操作的票，则应在未执行的后续各页操作步骤第一行左顶端均盖"未执行"章，自第二张终止页开始在"备注"栏中注明"终止原因同上页"。对因发令人收回的操作任务，应在"操作任务"栏及操作步骤第一行左顶端盖"未执行"章，并在"备注"栏内注明未执行原因；若一个任务使用几页操作票，则应在后续各页操作步骤第一行左顶端均盖"未执行"章，自第二张未执行页开始在"备注"栏中注明"未执行原因同上页"。

（4）当一个操作任务执行结束后，应顶着已操作完的最后步骤一步左顶端盖"已执行"章。

具体如图 4-33～图 4-37 所示。该图只作为盖章和执行打勾的参考，其余项目不做具体示范。

4.4.2　倒闸操作票考核

（1）操作票应用黑色或蓝色的钢（水）笔或圆珠笔逐项填写。用计算机开出的操作票应与手写票面统一；操作票票面应清楚整洁，不得任意涂改。每张操作票只能填写一个操作任务。操作票应填写设备的双重名称。

（2）操作票原则上由副值或操作人员填写，经正值、值长审核合格，并分别签名。拟票人和审票人不得为同一人。

（3）执行后的操作票由变电站或运维班保存，每月统计、装订成册；经统计、考核后的倒闸操作票，应在相应的倒闸操作票"右上角"加盖"合格"或"不合格"章。

（4）倒闸操作票的合格率统计，每月进行一次，由班长或安全员在每月 5 日前，完成对上一个月倒闸操作票的合格率统计工作，统计内容应包括当月已执行的操作票总张数（注明操作票的编号范围）、合格张数、不合格张数（注明操作票的编号）、未执行张数、合格率以及统计人的签名，并将统计结果上报运行主管单位。同时将统计结果留存一份，与已执行的倒闸操作票一起保存，保存期限至少为一年。

（5）变电站或运维班和变电运维室应对倒闸操作票的票面合格率、不规范情况按月或按季进行考核，与经济责任制考核挂钩，并考核到人，做到奖罚分明。

（6）变电站或运维班和变电运维室，应对所属变电站倒闸操作票的执行情况，进行认真的检查、考核，发现问题及时纠正。

110kV 实训变电所倒闸操作票

编号：100158

发令人		受令人		发令时间		年 月 日 时 分
（ ）监护下操作　　　　（ ）单人操作			正令序号：___／___			
操作开始时间　　年 月 日 时 分			操作结束时间：　　　　　　　　　　年 月 日 时 分			

110kV 实训变电所金培 1101 断路器由冷备用改运行

操作任务：

顺序	操 作 项 目	√
1	测得 1 号主变差动保护跳金培 1101 断路器压板 1LP1 两端头确无电压后放上	
2	测得 1 号主变 110kV 后备保护跳金培 1101 断路器压板 3LP1 两端头确无电压后放上	
3	测得 1 号主变非电量保护跳金培 1101 断路器压板 4LP1 两端头确无电压后放上	
4	检查金培 1101 断路器确在断开位置	
5	合上金培 1101 母线隔离开关	
6	检查金培 1101 母线隔离开关确在合上位置	
7	合上金培 1101 线路隔离开关	
8	检查金培 1101 线路隔离开关确在合上位置	
9	将金培 1101 近远控切换开关切至 "远控" 位置	
10	合上金培 1101 断路器	
11	检查金培 1101 断路器确在合闸位置	

备注：操作步骤中漏步；少检查冷备用状态

拟票人：	审票人：	安全监护人：
操作人：	监护人：	值班负责人（值长）：

图 4-33　单页作废

110kV 实训变电所倒闸操作票

编号：100001

发令人		受令人		发令时间		年 月 日 时 分
（ ）监护下操作 （ ）单人操作			正令序号：____／____			
操作开始时间 年 月 日 时 分			操作结束时间：			年 月 日 时 分

110kV 实训变电所　许可 110kV Ⅰ单元由停役转备用

操作任务：

顺序	操 作 项 目	√
1	向培训中请实训变 110kV Ⅰ单元转备用	
2	合上 1 号主变 10kV 控制电源开关	
3	合上金培 1101 控制电源开关	
4	合上 110kV 母分控制电源开关	
5	拆除金培 1101 线路隔离开关断路器侧____接地线，并检查	
6	合上金培 1101 断路器储能电源开关	
7	拆除 110kV Ⅰ段母线压变隔离开关压变侧____接地线，并检查	
8	拆除 110kV 母分断路器Ⅰ段隔离开关母线侧____接地线，并检查	
9	拉开 110kV 母分断路器Ⅱ段母线侧接地隔离开关	
10	检查 110kV 母分断路器Ⅱ段母线侧接地隔离开关确在断开位置	
11	合上 110kV 母分断路器储能电源开关	
12	拆除 1 号主变 110kV 套管处____接地线，并检查	
13	拆除 1 号主变 110kV 套管处____接地线，并检查	
14	拆除 1 号主变 110kV 主变插头主变侧____接地线，并检查	

备注：转下页　第 20、21 步错，应放上连接螺丝，取下短接螺丝

拟票人：	审票人：	安全监护人：
操作人：	监护人：	值班负责人（值长）：

（a）第一页

110kV 实训变电所倒闸操作票

编号：100002

发令人		受令人		发令时间		年 月 日 时 分

（ ）监护下操作 　　（ ）单人操作	正令序号：＿＿＿／＿＿＿

操作开始时间　　年 月 日 时 分	操作结束时间：　　　　年 月 日 时 分

操作任务：

110kV 实训变电所　许可 110kV Ⅰ单元由停役转备用

接上页

顺序	操 作 项 目	√
15	将1号主变10kV断路器手车推至试验位置，并检查	
16	放上1号主变10kV断路器手车二次插件	
17	合上1号主变10kV断路器储能电源开关	
18	合上1号主变有载调压电源开关	
19	取下2号主变差动保护投入压板1LP7	
20	放上2号主变110kV母分差动TA切换端子短接螺丝	
21	取下2号主变110kV母分差动TA切换端子连接螺丝	
22	检查2号主变差动电流不大于0.1I_e，实测：＿＿＿I_e	
23	放上2号主变差动保护投入压板1LP7	
24	检查110kVⅠ段母线上确无接地线	
25	合上110kVⅠ段母线压变隔离开关	
26	检查110kVⅠ段母线压变隔离开关确在合上位置	
27	合上110kVⅠ段母线压变低压空气断路器	
28	合上110kVⅠ段母线压变仪表空气断路器	
29	检查110kV母分断路器确在断开位置	
30	合上110kV母分Ⅱ段隔离开关	
31	检查110kV母分Ⅱ段隔离开关确在合上位置	

备注：转下页　作废原因同上页

拟票人：　　　　　　　　审票人：　　　　　　　　安全监护人：

操作人：　　　　　　　　监护人：　　　　　　　　值班负责人（值长）：

（b）第二页

60

<h1>110kV 实训变电所倒闸操作票</h1>

编号：100003

发令人		受令人		发令时间		年 月 日 时 分
（ ）监护下操作		（ ）单人操作	正令序号：___／___			
操作开始时间	年 月 日 时 分		操作结束时间：			年 月 日 时 分

操作任务：	110kV 实训变电所 许可 110kV Ⅰ单元由停役转备用
	接上页

顺序	操 作 项 目	√
32	合上110kV 母分Ⅰ段隔离开关	
33	检查110kV 母分Ⅰ段隔离开关确在合上位置	
34	检查金培1101断路器确在断开位置	
35	合上1号主变110kV 主变隔离开关	
36	检查1号主变110kV 主变隔离开关确在合上位置	
37	合上1号主变110kV 中性点接地隔离开关	
38	检查1号主变110kV 中性点接地隔离开关确在合上位置	
39	测得2号主变差动跳110kV 母分断路器出口压板1LP4 两端头确无电压后放上	
40	测得2号主变非电量跳110kV 母分断路器出口压板4LP11 两端头确无电压后放上	
41	测得2号主变110kV 后备跳110kV 母分断路器出口压板31LP9 两端头确无电压后放上	
42	将110kV 母分近远控切换开关切至远控位置	
43	实训变110kV Ⅰ单元转备用正常，汇报地调	

备注：作废原因同上页

拟票人：	审票人：	安全监护人：
操作人：	监护人：	值班负责人（值长）：

（c）最后一页

图 4-34 多页作废

110kV实训变电所倒闸操作票

合 格

编号 00004

发令人		受令人		发令时间		年 月 日 时 分

( ) 监护下操作　　( ) 单人操作		正令序号：＿＿/＿＿

操作开始时间　　年 月 日 时 分	操作结束时间：　　　　年 月 日 时 分

110kV实训变电所　许可110kV Ⅰ单元由停役转备用

未执行

操作任务：

顺序	操　作　项　目	√
1	向地调申请实训变110kV Ⅰ单元转备用	
2	合上1号主变10kV控制电源开关	
3	合上金培1101控制电源开关	
4	合上110kV母分控制电源开关	
5	拆除金培1101线路隔离开关断路器侧＿＿＿接地线，并检查	
6	合上金培1101开关储能电源开关	
7	拆除110kV Ⅰ段母线压变隔离开关压变侧＿＿＿接地线，并检查	
8	拆除110kV母分Ⅰ段隔离开关母线侧＿＿＿接地线，并检查	
9	拉开110kV母分断路器Ⅱ段母线侧接地隔离开关	
10	检查110kV母分断路器Ⅱ段母线侧接地隔离开关确在断开位置	
11	合上110kV母分断路器储能电源开关	
12	拆除1号主变110kV套管处＿＿＿接地线，并检查	
13	拆除1号主变10kV套管处＿＿＿接地线，并检查	
14	拆除1号主变10kV主变插头主变侧＿＿＿接地线，并检查	

备注：转下页　地调吴六于2014.1.20日13：25收回此令

拟票人：	审票人：	安全监护人：
操作人：	监护人：	值班负责人（值长）：

（a）第一页

110kV实训变电所倒闸操作票

编号：100005

发令人		受令人		发令时间		年 月 日 时 分

（ ）监护下操作 （ ）单人操作	正令序号：___／___

操作开始时间 年 月 日 时 分	操作结束时间： 年 月 日 时 分

操作任务：

110kV实训变电所 许可110kVⅠ单元由停役转备用

接上页

顺序	操 作 项 目	√
15	将1号主变10kV断路器手车推至试验位置，并检查　（未执行）	
16	放上1号主变10kV断路器手车二次插件	
17	合上1号主变10kV断路器储能电源开关	
18	合上1号主变有载调压电源开关	
19	取下2号主变差动保护投入压板1LP7	
20	放上2号主变110kV母分差动TA切换端子连接螺丝	
21	取下2号主变110kV母分差动TA切换端子短接螺丝	
22	检查2号主变差动电源不大于$0.1I_e$，实测：____I_e	
23	放上2号主变差动保护投入压板1LP7	
24	检查110kVⅠ段母线上确无接地线	
25	合上110kVⅠ段母线压变隔离开关	
26	检查110kVⅠ段母线压变隔离开关确在合上位置	
27	合上110kVⅠ段母线压变低压空气断路器	
28	合上110kVⅠ段母线压变仪表空气断路器	
29	检查110kV母分断路器确在断开位置	
30	合上110kV母分Ⅱ段隔离开关	
31	检查110kV母分Ⅱ段隔离开关确在合上位置	

备注：转下页 未执行原因同上

拟票人：	审票人：	安全监护人：
操作人：	监护人：	值班负责人（值长）：

（b）第二页

110kV 实训变电所倒闸操作票

编号：100006

发令人		受令人		发令时间	年　月　日　时　分
（　）监护下操作　　（　）单人操作			正令序号：＿＿＿／＿＿＿		
操作开始时间　　年　月　日　时　分		操作结束时间：			年　月　日　时　分

操作任务：	110kV 实训变电所　许可 110kV Ⅰ单元由停役转备用
	接上页

顺序	操作项目	√
32	合上 110kV 母分Ⅰ段隔离开关	
33	检查 110kV 母分Ⅰ段隔离开关确在合上位置	
34	检查金培 1101 断路器确在断开位置	
35	合上 1 号主变 110kV 主变隔离开关	
36	检查 1 号主变 110kV 主变隔离开关确在合上位置	
37	合上 1 号主变 110kV 中性点接地隔离开关	
38	检查 1 号主变 110kV 中性点接地隔离开关确在合上位置	
39	测得 2 号主变差动跳 110kV 母分断路器出口压板 1LP4 两端头确无电压后放上	
40	测得 2 号主变非电量跳 110kV 母分断路器出口压板 4LP11 两端头确无电压后放上	
41	测得 2 号主变 110kV 后备跳 110kV 母分断路器出口压板 31LP9 两端头确无电压后放上	
42	将 110kV 母分近远控切换开关切至远控位置	
43	实训变 110kV Ⅰ单元转备用正常，汇报地调	

备注：未执行原因同上

拟票人：	审票人：	安全监护人：
操作人：	监护人：	值班负责人（值长）：

（c）最后一页

图 4-35　多页未执行

（图中第32项叠印"未执行"字样）

110kV 实训变电所倒闸操作票

合格　编号：00004

发令人		受令人		发令时间		年 月 日 时 分	
（　）监护下操作		（　）单人操作	正令序号：___/___				
操作开始时间		年 月 日 时 分	操作结束时间：			年 月 日 时 分	

操作任务： 110kV 实训变电所许可 110kV Ⅰ 单元由停役转备用

顺序	操 作 项 目	√
1	向地调申请实训变 110kV Ⅰ 单元转备用	√
2	合上 1 号主变 10kV 控制电源开关	√
3	合上金培 1101 控制电源开关	√
4	合上 110kV 母分控制电源开关	√
5	拆除金培 1101 线路隔离开关断路器侧____接地线，并检查	√
6	合上金培 1101 断路器储能电源开关	√
7	拆除 110kV Ⅰ 段母线压变隔离开关压变侧____接地线，并检查	√
8	拆除 110kV 母分Ⅰ段隔离开关母线侧____接地线，并检查	√
9	拉开 110kV 母分断路器Ⅱ段母线侧接地隔离开关 ~~未执行~~	
10	检查 110kV 母分断路器Ⅱ段母线侧接地隔离开关确在断开位置 ~~未执行~~	
11	合上 110kV 母分断路器储能电源开关	√
12	拆除 1 号主变 110kV 套管处____接地线，并检查	√
13	拆除 1 号主变 10kV 套管处____接地线，并检查	√
14	拆除 1 号主变 10kV 主变插头主变侧____接地线，并检查	√

备注：转下页　110kV 母分断路器Ⅱ段母线侧接地隔离开关操作机构坏，该接地隔离开关已断开

拟票人：	审票人：	安全监护人：
操作人：	监护人：	值班负责人（值长）：

（a）第一页

110kV实训变电所倒闸操作票

编号：100006

发令人		受令人		发令时间		年 月 日 时 分	

（　）监护下操作　　（　）单人操作	正令序号：___/___

操作开始时间　　年 月 日 时 分	操作结束时间：　　　　　　　　　　年 月 日 时 分

操作任务：

　　　110kV实训变电所　许可110kVⅠ单元由停役转备用
　　　————————————————————————————
　　　接上页

顺序	操 作 项 目	√
32	合上110kV母分Ⅰ段隔离开关	√
33	检查110kV母分Ⅰ段隔离开关确在合上位置	√
34	检查金培1101断路器确在断开位置	√
35	合上1号主变110kV主变隔离开关	√
36	检查1号主变110kV主变隔离开关确在合上位置	√
37	合上1号主变110kV中性点接地隔离开关	√
38	检查1号主变110kV中性点接地隔离开关确在合上位置	√
39	测得2号主变差动跳110kV母分断路器出口压板1LP4两端头确无电压后放上	√
40	测得2号主变非电量跳110kV母分断路器出口压板4LP11两端头确无电压后放上	√
41	测得2号主变110kV后备跳110kV母分断路器出口压板31LP9两端头确无电压后放上	√
42	将110kV母分近远控切换开关切至远控位置	√
43	实训变110kVⅠ单元转备用正常，汇报地调	√
	已执行	

备注：

拟票人：	审票人：	安全监护人：
操作人：	监护人：	值班负责人（值长）：

（b）最后一页

图4-36　因故中间有未执行项

110kV 实训变电所倒闸操作票

编号 00159

发令人		受令人		发令时间		年 月 日 时 分

（ ）监护下操作 （ ）单人操作	正令序号：＿＿／＿＿	

操作开始时间	年 月 日 时 分	操作结束时间：	年 月 日 时 分

110kV 实训变电所金培 1101 开关由冷备用改运行

操作任务：

顺序	操 作 项 目	√
1	检查金培 1101 断路器确在冷备用状态	√
2	测得 1 号主变差动保护跳金培 1101 断路器压板 1LP1 两端头确无电压后放上	√
3	测得 1 号主变 110kV 后备保护跳金培 1101 断路器压板 3LP1 两端头确无电压后放上	√
4	测得 1 号主变非电量保护跳金培 1101 断路器压板 4LP1 两端头确无电压后放上	√
5	检查金培 1101 断路器确在断开位置	√
6	合上金培 1101 母线隔离开关	√
7	检查金培 1101 母线隔离开关确在合上位置	√
8	合上金培 1101 线路隔离开关	√
9	检查金培 1101 线路隔离开关确在合上位置	√
10	将金培 1101 近远控切换开关切至"远控"位置	√
11	合上金培 1101 断路器	√
12	检查金培 1101 断路器确在合闸位置	√
	已执行	

备注：		
拟票人：	审票人：	安全监护人：
操作人：	监护人：	值班负责人（值长）：

图 4-37 已执行完成的操作票盖章

67

第5章 倒 闸 操 作

倒闸操作是将电气设备由一种状态转换到另一种状态所进行的一系列操作,进行电气操作的书面依据称为操作票,包括调度指令票和变电操作票。

5.1 倒闸操作的相关规定

倒闸操作是为了电网运行需要或者设备检修而进行的设备状态改变。因此变电运维人员必须熟练掌握、运用与倒闸操作相关的规章制度。其中调度的倒闸操作管理规定以及防误装置的管理规定直接影响变电运维人员的任务完成情况和对电网系统的安全稳定。

倒闸操作的相关调度规定如下:

(1) 倒闸操作应根据调度管辖范围实行分级管理,严格依照调度指令执行。

(2) 调度管辖的设备,其倒闸操作是由值班调度员通过"操作指令""操作许可"这两种方式进行。

(3) 地调管辖设备中属上级调度许可范围的设备状态改变,应得到上级调度机构值班调度员的许可;下级调度管辖设备中属地调许可范围的设备状态改变,应得到地调值班调度员的许可。

(4) 属地调管辖范围内的设备,未经地调值班调度员的指令,各级调度机构和发电厂、变电站、变电运维班(班)的值班人员不得自行操作或自行指令操作。但对人员或设备安全有威胁者和经地调核准的现场规程规定者除外(上述未得到指令进行的操作,应在操作后立即报告地调值班调度员)。

(5) 地调和上、下级调度管辖范围交界处的设备,在必要时,地调管辖的设备可以委托上、下级调度进行操作,上、下级调度管辖的设备也可以委托地调进行操作,但应对现场值班运维人员说明清楚。

(6) 地调调度设备有110kV 母线、110kV 出线、35kV 母线、110kV 主变及该主变的中性点接地方式。主变110kV 分接头属地调许可。

(7) 配调调度设备有35kV 及以下出线、10kV 母线、电容器、所用变,110kV 主变的 35kV 断路器、10kV 断路器属配调调度。35kV 主变隔离开关(主变插头)、10kV 主变隔离开关(主变插头)为地调许可,配调调度。

(8) 电容器开关的分合、所用变倒换属运维当值值长调度,配调许可,110kV 主变分接头挡位调整属地调许可,运维当值值长调度,AVC 自动控制时主变调档、电容器投退时不需调度许可。

(9) 值班调度员发布操作指令有两种形式:①综合操作指令;②单项或逐项操作指令。

不论采用何种发令形式,都应使现场值班人员理解该项操作的目的和要求,必要时提出注意事项。

（10）变电运维班（班）同时接到多级调度发布的指令时，接令人员应向发布操作指令的调度汇报，由同时发布操作指令的几级调度中的上级值班调度员决定先执行谁的操作指令。一般情况下，应由值班调度员双方协商后决定。

（11）在决定倒闸操作前，值班调度员应充分考虑对电网运行方式、潮流、频率、电压、电网稳定、继电保护和安全自动装置、电网中性点接地方式、雷季运行方式、载波通信等方面的影响，现场发现异常，应及时告知值班调度员。

（12）计划操作应在操作前一天预发操作任务到变电运维班。临时性操作应尽可能提前预发到变电运维班（班）或现场，使变电运维班（班）或现场做好操作准备。

（13）值班调度员在进行倒闸操作时，应互报单位、姓名，严格遵守发令、复诵、录音、监护、记录等制度，并使用统一调度术语和操作术语及电网主要设备名称、统一编号等。倒闸操作联系时应使用包括厂站名称、设备名称、统一编号的三重命名。

（14）值班调度员发布操作指令时，接令人接受操作指令后复诵一遍，值班调度员应复核无误后，发出"发令时间"。"发令时间"是值班调度员正式发布操作指令的依据，接令人没有接到"发令时间"不得进行操作。

（15）汇报人汇报操作结束时，应报"结束时间"，并将执行项目报告一遍，值班调度员复诵一遍，汇报人应复核无误。"结束时间"应取用汇报人向调度汇报操作执行完毕的汇报时间，它是运行操作执行完毕的根据，值班调度员只有在收到操作"结束时间"后，该项操作才算执行完毕。

（16）值班调度员发布的操作指令（或预发操作任务）一律由"可以接受调度指令的人员"接令，非上述人员不得接受值班调度员的指令，值班调度员也不得将调度指令（不论是"正令"或"预令"）发给不可以接受调度指令的人员。

（17）电网中的正常倒闸操作，应尽可能避免在下列时间进行：

1）值班人员交接班时。

2）电网接线极不正常时。

3）电网高峰负荷时。

4）雷雨、大风等恶劣气候时。

5）联络线输送功率超过稳定限额时。

6）电网发生事故时。

7）地区有特殊要求时等。

（18）正常倒闸操作一般安排在电网低谷和潮流较小时进行。但为了事故处理和向用户提前送电的操作，为了改善电网接线及其薄弱环节的操作，解决电网频率、电压质量的操作等，可以在任何时间进行。

（19）值班调度员在许可电力设备开始检修和恢复送电时，应遵守《国家电网公司电力安全工作规程》中的有关规定。在任何情况下，严禁"约时"停送电，"约时"挂、拆地线和"约时"开始或结束检修工作（包括带电作业）。

（20）倒闸操作可以通过就地操作、遥控操作、程序操作完成。遥控操作、程序操作的设备应满足有关技术条件。

（21）倒闸操作的分类有以下类型：

1）监护操作，即由两人进行同一项的操作。监护操作时，其中一人对设备较为熟悉者做监护。特别重要和复杂的倒闸操作，由熟练的运维人员操作，运行值班负责人监护，并执行骨干到岗到位制度，落实全过程的安全监督、指导。

2）单人操作，即由一人完成的操作。单人值班的变电站或发电厂升压站操作时，运维人员根据发令人用电话传达的操作指令填用操作票，复诵无误。实行单人操作的设备、项目及运维人员需经设备运行管理单位批准，人员应通过专项考核。

3）检修人员操作，即由检修人员完成的操作。经设备运行单位考试合格、批准的本单位的检修人员，可进行220kV及以下的电气设备由热备用至检修或由检修至热备用的监护操作，监护人应是同一单位的检修人员或设备运维人员。检修人员进行操作的接、发令程序及安全要求应由设备运行单位总工程师审定，并报相关部门和调度机构备案。

5.2　倒闸操作的防误管理规定

5.2.1　防误装置应实现"五防"功能

（1）防止误分、误合断路器。

（2）防止带负荷拉、合隔离开关或手车触头。

（3）防止带电挂（合）接地线（接地隔离开关）。

（4）防止带接地线（接地隔离开关）合断路器（隔离开关）。

（5）防止误入带电间隔。

注："五防"功能除"防止误分、误合断路器"现阶段因技术原因可采取提示性措施外，其余四防功能必须采取强制性防止电气误操作措施。强制性防止电气误操作措施指：在设备的电动操作控制回路中串联以闭锁回路控制的接点或锁具，在设备的手动操控部件上加装受闭锁回路控制的锁具，同时尽可能按技术条件的要求，防止走空程操作。

5.2.2　防误装置解锁管理

（1）以任何形式部分或全部解除防误装置功能的电气操作，均视作解锁。

（2）防误装置的解锁工具（钥匙）或备用解锁工具（钥匙）必须有专门的保管和使用制度，内容包括：倒闸操作、检修工作、事故处理、特殊操作和装置异常等情况下的解锁申请、批准、解锁监护、解锁使用记录等解锁规定；微机防误装置授权密码和解锁钥匙应同时封存。

（3）正常情况下，防误装置严禁解锁或退出运行。

（4）特殊情况下，防误装置解锁需按分类执行规定和解锁流程。

5.2.3　防误装置解锁分类

（1）第一类，操作中装置故障解锁。指在正常操作过程中，操作正确但防误闭锁装置

（系统）故障进行的解锁操作（包括使用微机防误的人工置位授权密码）。

（2）第二类，操作中非装置故障解锁。指在非正常运行状态下或采用非正常操作顺序（程序），且防误闭锁装置（系统）无故障进行的解锁操作（包括使用微机防误的人工置位授权密码）。

（3）第三类，配合检修解锁。指在检修、验收工作过程中，配合检修工作需要进行的解锁。

（4）第四类，运行维护解锁。指防误闭锁装置、钥匙箱、机构箱、开关柜等检查、维护需要，但不进行实际操作的解锁。

（5）第五类，紧急（事故）解锁。指遇有危及人身、电网和设备安全等紧急情况需要进行的解锁。

5.2.4 各类解锁的流程规定

1. 解锁流程

（1）针对第一、二类防误装置解锁，由当班负责人报告运维室副主任或县公司生产副局长及以上领导，经领导指派的防误操作装置专责人到现场核对无误，确认需要解锁操作，签字同意，当班负责人报请领导批准并报告当值调度员后，做好相应的安全措施方可进行解锁操作。

（2）针对第三类防误装置解锁，由检修工作负责人现场确认无误后向工作许可人提出申请，并经站（所）长批准，做好相应的安全措施方可进行解锁。工作结束，双方应确认解锁设备已恢复正常。

（3）针对第四类防误装置解锁，由维护工作负责人现场确认无误后向当班负责人提出申请，并经站（所）长批准，做好相应的安全措施，方可进行解锁，但不得进行任何形式的实际操作。维护工作结束，立即恢复正常。

（4）针对第五类防误装置解锁，经当班负责人或站（所）长批准，报告当值调度员后进行解锁操作，并及时向分管生产领导汇报。

2. 注意事项

各类解锁需要按照规定做好相关记录工作。各单位要做好防误装置的日常维护工作，严格执行解锁审批流程，努力做到第一类和第二类"零解锁"，严格控制其他类型解锁。一经发现随意解锁或不按规定流程解锁，将按相关规定处理。

倒闸操作为变电运维人员平时工作中的一项主要作业内容，直接影响到电网的安全运行。在身边发生过许多（或者亲历过）血的教训，甚至生命的代价后，经过无数变电运维人员、管理人员的总结，坚守"六要""八步"是确保操作安全的有力保障。

5.3 倒闸操作中"六要"的分解

1. 对人员资格要求

变电运维人员的资格（操作人和监护人）要进考试合格并经批准公布。

2. 对设备要求

（1）现场的设备在设备投产前要有明显的设备现场标志和相别色标。

（2）要有正确的一次系统模拟图（或计算机模拟系统图）。

3. 对管理要求

（1）要有经批准的现场运行规程和典型操作票。

（2）要得到确切操作指令和合格的倒闸操作票。

（3）变电站应具有完善的防误闭锁装置，对不具备防误锁功能的点应采取组织措施加以防范。

4. 对操作工器具的要求

要有合格的操作工具和安全工器具，具体为：

（1）变电站安全用具应按规定配置验电器、绝缘棒、绝缘靴、绝缘手套、梯子等，并定期试验合格，使用前应检查完好。

（2）变电站应具有操作杆、扳手、电压表等操作工具，使用前应检查完好，适宜于操作。

（3）接地线数量应满足要求，集控站接地线应统一编号，在固定位置对号放置，规格符合现场实际，应定期试验合格，使用前应检查完好。

5.4　倒闸操作中"八步"的执行

5.4.1　倒闸操作作业流程图

倒闸操作流程图清晰直观地列出了变电运维人员在倒闸操作中的各个步骤和中间关键环节，便于分析操作过程中的危险点，制定出相应的控制要点，如图 5-1 所示。

5.4.2　倒闸操作八步分解

1. 接受调度预令，填写操作票

（1）接受操作预令控制要点。接令人为正值以上，通过 OA 或调度系统下达的，应由正值及以上人员核对。接令过程应互报所名（或站名）、姓名，并开启录音设备，接令后要及时了解操作目的和预定操作时间，并在《运行日志》中记录清楚。如发现疑问，应及时向发令人询问清楚。

（2）布置开票控制要点。接令人向拟票人布置开票，交待必要的注意事项，如查阅设备是否有缺陷，设备的停电申请单，以及工作票中需要的安全措施，确定接地的方式。

（3）查对图板和状态控制要点。拟票人核对设备实际状态，查阅相关图纸、设备交底记录等，参照典型操作票填写票。

（4）填写操作票的控制要点。手工开票字迹应清楚，电脑开票应注意自动认真审核自动生成的操作票的内容。自行审核无误后在操作票上签名，并交付审核，发现错误应及时作废操作票，在操作票上签名，然后重新拟票。

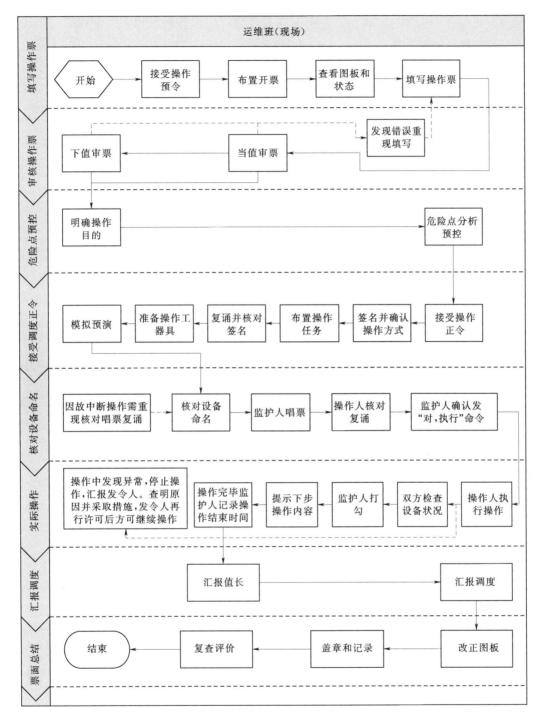

图 5-1 变电站倒闸操作流程图

2. 审核操作票正确

（1）本值人员审核。正值、值长逐级对操作票进行全面审核，对操作步骤进行逐项审核，判定是否达到操作目的，是否满足运行要求，确认无误后分别签名。特别重要或复杂

73

的操作票班组骨干应参与审核。审核时发现操作票有误即作废操作票，令拟票人重新填票，然后再履行审票手续。

（2）下值人员审核。由上值移交的未执行的操作票，交接班应时应逐个交代清楚，接班人员应对上一值移交的操作票重新进行审核，对于上一值已审核并签名的操作票，下一值审核正确可不再签名；如审核发现错误后作废操作票，应在［备注］栏填写作废原因，签名并重新填写操作票。

3. 明确操作目的，做好危险点分析和预控

值长、正值（或者班组骨干）组织相关操作人员，讲清楚本次操作的目的和预定操作时间，共同学习事前勘察、编写的危险点预控资料，分析、相互考问本次操作过程中可能遇到的危险点及针对性的预控措施。特别重要的提示内容可写入操作票［备注］栏内。

4. 接受调度正令，模拟预演

（1）接受操作正令控制要点。到预定操作时间，调度未发布正令，运维当值应及时提醒调度。由正值以上人员接受调度正令，接令前应开启录音设备，有扩音设备的，相关人员应进行监听，接令后应回放录音，核对正令与预发的操作任务一致，如有疑问，应向调度询问清楚，并在《运行日志》中做好记录。

（2）签名并确认操作方式要点。接令人在操作票上填写发令人、接令人、发令时间，根据操作票面的确认操作方式（监护下操作、单人操作、检修人员操作），相应栏目前打"√"。此时应电话告知监控中心或调控中心监控组所接受的正令准备开始操作。

（3）布置操作任务控制要点。接令人或值长向监护人和操作人面对面布置本次的操作任务，再次明确操作过程中可能存在的危险点及控制措施。监护人（或操作人）复诵无误，接令人或值长发出"对，可以开始操作"命令后，监护人、操作人依次在操作票上［监护人］和［操作人］栏签名。如果接令人或值长为本操作监护人时，由操作人复诵。

（4）准备操作工器具控制要点。预先明确的操作任务可提前准备（可以放在审核操作票正确后做好该项工作，特别是做好需要向外借用接地线、绝缘梯、安全措施围栏、标示牌等用具的准备）。准备的工具有操作工具和安全用具两类。如操作中用到的工具，如扳头、手柄、短路片、防误装置普通钥匙等操作工具以及绝缘手套、绝缘靴、验电器、接地线、梯子等安全用具。

（5）模拟预演控制要点。监护人、操作人在一次模拟图版或微机五防图上，由监护人逐项唱票，操作人逐项复诵并操作，检查所列项目的操作是否达到操作目的，核对操作正确，对于微机五防预演，核对正确后传票并确认传票成功。

5. 核对设备命名和状态

（1）操作提醒。由监护人发出"开始操作"命令，记录操作开始时间后或者在完成上一步操作后，应提示下一步操作内容。

（2）核对命名。操作人走在前，监护人走在后，相互间保持一臂距离，共同到需操作设备现场，监护人根据操作票上设备命名，取下需操作设备钥匙（包括五防钥匙），仔细核对钥匙上命名与操作票上设备命名相符。操作人找到需操作设备命名牌，用手指该设备命名牌读唱设备命名，监护人随操作人读唱默默核对该设备命名与操作票上设备命名相符后，发出"对"的确认信息。

（3）核对设备状态。由监护人核对设备状态与操作要求相符，此时操作人应保持在原位不动，监护人完成设备状态核对后，回到操作人身边，相互保持一臂距离。

注：一臂距离是为了发现影响安全的问题或突发异常时，操作人、监护人相互之间能有效、迅速地进行干预。

6. 逐项唱票复诵操作并勾票

（1）操作人、监护人在操作过程中严禁出现以下情况：①不使用操作票进行操作；②不按操作票进行跳步操作；③监护操作时失去监护进行倒闸操作；④严禁在操作过程中随意中断操作，从事与操作无关的事，确因故中断操作后，恢复时必须重新核对当前步的设备命名（位置）并唱票、复诵无误后，方可继续进行；⑤严禁未经批准解除防误闭锁装置进行操作，单人操作严禁解锁。

（2）单人操作，也应高声唱票，并应全过程录音。

7. 向调度汇报操作结束及时间

（1）监护人向值长汇报操作情况及结束时间，并向监控中心或调控中心监控组核对所操作设备的实际状态后，并检查票面以全部执行完毕，将操作票交给值长，值长不在或没有值长，监护人可向汇报调度的运行值班人员汇报，也可自己直接向调度汇报。

（2）向当值调度汇报操作情况时应先开启录音机，互报所名、姓名后，逐项汇报操作任务，并确认调度复诵正确后，告知操作结束时间。

8. 改正图板，签销操作票，复查评价

（1）改正图板。操作人改正图板或将一次系统图对位，监护人监视并核查。如果使用电脑钥匙操作，应将钥匙内操作信息回传。

（2）盖章和记录。由监护人在规定位置盖"已执行"章，记录《倒闸操作记录》等相关内容，操作人将指令牌、钥匙、操作工具和安全用具等放回原处。

（3）复查评价。值长（班组骨干）宜对整个操作过程进行评价，及时分析操作中存在的问题，提出今后改进要求。

5.5 常规设备的操作

随着科技的进步，变电站设备越来越多，各种设备的具体操作方法都不尽相同。但常规的操作方法还有其共通性，本节重点介绍常规设备的一些操作规定。

5.5.1 断路器操作一般规定

1. 断路器分合闸操作前

应检查控制回路、辅助回路、控制电源（气源）或液压回路均正常、储能机构已储能，即保护装置及后台机、监控机无异常信号，检查相应隔离开关和断路器的实际位置，确认继电保护按规要求投入。

2. 断路器合闸操作中

装有同期装置的线路断路器，不论是同期并列还是合环操作，同期并列装置均应投入，以防止非同期事故的发生。目前部分变电站的测控装置通过设定能进行自动判断，特殊情况如果不经测控装置进行断路器的合闸操作，必须经过相关部门的认定后方可操作。

3. 断路器分合闸后的位置检查

应通过机械位置指示、电气指示、带电显示装置、仪表及各种遥测、遥信等信号的变化来判断。判断时，应有两个及以上的指示，且所有指示均已同时发生对应变化，才能确认断路器已操作到位。断路器（分）合闸动作后，应到现场确认本体和机构（分）合闸指示器以及拐臂、传动杆位置，保证断路器确已正确（分）合闸。同时检查断路器本体有无异常。另外通过后台位置、测控装置开关位置、操作箱开关位置、保护开关分合位置综合判断。

4. 断路器分合闸操作后辅助设备的检查

如检查弹簧、液压等储能操作机构的储能情况，检查设备的外观，SF_6 的压力表计指示情况是否正常。若 SF_6 断路器发生意外爆炸或严重漏气等事故，接近设备要谨慎，尽量选择从上风接近设备，必要时要戴防毒面具、穿防护服。

5. 断路器分合闸操作中的其他特殊要点

（1）断路器合闸操作不能多次连续进行，应有足够的间隙时间以保证合闸线圈冷却。

（2）电容器断路器两次带电合闸间应至少相隔 5min，以保证电容器组放电压变将电容器剩余电荷放至规定值，以防止操作过电压。

（3）具备遥控操作的断路器，不能进行就地操作，紧急情况下，应以保证人身安全的前提下经上级主管部门同意方可进行就地操作。如果断路器的遮断容量小于系统的短路容量或开关存在重要缺陷时，禁止进行就地操作，带电情况下禁止用撬棒或千斤顶进行慢速分、合闸。装有重合闸的断路器就地手动分闸时应先停用重合闸。

（4）断路器检修，应取下断路器操作、合闸熔丝，取下手车断路器二次插件，拉开断路器机构电源开关。

6. 手车式断路器（中置柜、下置柜）三种位置

（1）工作位置。手车断路器上、下触头插进，二次插件放上。

（2）试验位置。手车断路器上、下触头拉开，手车固定在试验位置，二次插件放上。

（3）柜外位置。手车断路器拉出柜外，二次插件取下，柜门关上锁住。

7. GBC 手车断路器三个位置的操作注意事项

（1）手车断路器操作手柄（CS6 型操作手柄）具有定位功能，该手柄和断路器跳闸机构联动，其优点是拉开和推入手车断路器时能保证断路器在断开位置。但也有不足之处，触动该手柄有使断路器跳闸的危险。因此在运行中，严禁随意打开柜门，并触动该手柄。手车断路器进柜前，应将手车上的 CS6 型操作手柄拉至分位置。

（2）手车断路器从柜外推入柜内时，应先将 CS6 操作机构置于"分"位置。这样定位钩位于钩向上位置，不会被阻挡，如果 CS6 操作机构置于"合"位置，则定位钩位于钩向下位置，推进时被阻挡，无法推入。

（3）当手车断路器推至试验位置后，应将二次插件放上，务必插好，使二次回路投入工作。

（4）将手车断路器由试验位置推至工作位置时，在推入手车的同时，应迅速将 CS6 操作手柄从"分"推至"合"位置，中途不得停顿，以防触头长时间放电烧伤。并经检查

孔检查实际的动静触头的接触是否到位。

（5）将手车断路器由"工作"位置拉至"试验"位置时，应在 CS6 操作手柄迅速由"合"拉至"分"位置的同时用力拉出断路器，断路器拉至试验位置后应将 CS6 操作手柄由"分"推至"合"位置，并将开关固定在试验位置。

（6）手车断路器从试验位置拉出柜外前，应先将二次插件取下，并挂置在门内挂钩上，或者从边门拿出，以便检修做传动时取用二次插件。

（7）当手车断路器从柜内拉出柜外时，必须将 CS6 操作机构从"合"拉至"分"位置，这样，定位钩外侧斜面将沿着停档向外滑动，手车缓冲弹簧弹力将使手车向外移动，手车极易拉至试验位置，使断路器一次触头迅速脱离接触。如果 CS6 操作机构置于"合"位置，定位钩被钩住，手车拉不出来。

8. 手摇式手车断路器三个位置的操作注意事项

（1）手摇式断路器手车的实际位置不能通过直接观察到的，其位置检查只能通过辅助装置检查（如断路器面板上的工作位置指示灯、试验位置指示灯），在以上灯相对与其实际位置没亮时，不能判断操作已到位，应进行必要的检查，确认只是指示灯坏时，方可判断操作已到位。

（2）手摇式断路器摇至在工作位置后，如果有放电声响的，应认真检查确认触头接触情况，在未查明原因前，断路器不得合闸送电。

（3）断路器合闸送电后，在检查开关的实际位置时，应认真倾听断路器间隔是否有放电声，用以辅助判断触头的接触情况是否良好。

（4）手摇式断路器的摇至试验位置过程中，如果遇到比较卡滞，应检查相关的机械闭锁以及隔离挡板的开启情况，查明并消除异常后，方可继续操作，不得使用蛮力操作使手车断路器的相关机械部件损坏。

5.5.2 隔离开关操作的一般规定

隔离开关由于不具备灭弧能力，隔离开关的操作中必须要防止带负荷拉合隔离开关，防止带地线合闸情况的发生。操作人员必须清楚隔离开关的操作注意事项。

1. 操作规定

（1）隔离开关操作前认真核对设备的命名和实际的状态，防止走错间隔，并应检查相应断路器、相关接地隔离开关确已拉开并分闸到位，确认送电范围内接地线已拆除；隔离开关与接地隔离开关之间有机械闭锁的，应检查机械闭锁的开启情况。

（2）隔离开关在操作过程中，如有卡滞、动触头不能插入静触头、合闸不到位等现象时，应停止操作，待缺陷消除后再继续进行。在操作隔离开关过程中，还应要特别注意若瓷瓶有断裂等异常时应迅速撤离现场，防止人身受伤。

（3）隔离开关操作后，应认真检查隔离开关的实际位置，确认三相操作到位。对GW6，GW16 型等隔离开关合闸操作完毕后，还应仔细检查操动机构上、下拐臂是否均已越过死点位置。操作好后及时将机构门（五防锁具）关好并锁住。

2. 手动操作隔离开关注意事项

（1）手动合隔离开关应迅速、果断，但合闸终了时不可用力过猛。合闸后应检查动、静触头是否合闸到位，接触是否良好。带负荷合隔离开关时，即使合错，也不准将隔离开关再拉开，因为带负荷拉隔离开关，将造成三相弧光短路事故。

（2）手动分隔离开关开始时，应慢而谨慎，当动触头刚离开静触头时应迅速，拉开后检查动、静触头断开情况。带负荷错拉隔离开关时，在刀片刚离开固定触头时，便发生电弧，这时应立即合上，可以消除电弧，避免事故，但如隔离开关已合部拉开，则不允许将误拉隔离开关再合上。

（3）用绝缘棒拉合隔离开关均应戴绝缘手套。雨天操作室外高压设备时，绝缘棒应有防雨罩，还应穿绝缘靴。接地网电阻不符合要求的，晴天也应穿绝缘靴。雷电时，一般不进行倒闸操作，禁止就地进行倒闸操作。

3. 电动操作的隔离开关注意事项

操作前检查确认近远控切换开关的位置和电动机构电源开关是否合上，分、合闸的操作按钮操作人手指的位置是否正确（由于不同厂家的设备可能分、合闸按钮的标识不尽相同，建议在同一运维班内对分、合闸按钮进行统一标识），经唱票复诵后进行操作。操作后认真检查所操作隔离开关的到位情况和后台遥信、保护位置等信号的变化情况确认操作到位；母线隔离开关还可通过母差保护、电压切换元件的指示进行判断。

5.5.3　验电操作注意事项

（1）验电时，应使用相应电压等级、合格的接触式验电器，在装设接地线或合接地隔离开关（装置）处对各相分别验电。验电前，应先在有电设备上进行试验，确证验电器良好；无法在有电设备上进行试验时可用工频高压发生器等确证验电器良好。

（2）高压验电应戴绝缘手套。验电器的伸缩式绝缘棒长度应拉足，验电时手应握在手柄处不得超过护环，人体应与验电设备保持《国家电网公司电力安全工作规程》（以下简称《安规》）中规定的距离。雨雪天气时不得进行室外直接验电。

（3）当验明设备确已无电压后，应立即将检修设备接地并三相短路。电缆及电容器接地前应逐相充分放电，星形接线电容器的中性点应接地、串联电容器及与整组电容器脱离的电容器应逐个多次放电，装在绝缘支架上的电容器外壳也应放电。

（4）直接验电应严格遵守《安规》要求，对连续操作时的验电，第一次验电前验电器在有电设备上试验良好后，连续操作无须再进行有电设备的试验。当无法在有电设备上进行试验时可用工频高压发生器等确证验电器良好。

（5）对同一电气连接部分出现两组以上接地线（隔离开关）的操作时，在装设第一组接地线（合上第一组接地隔离开关）前应验明确无电压后，第二组接地线（隔离开关）操作前仍须再次验电。若验电后中断操作，应重新核对位置并验电。

5.5.4　接地操作注意事项

（1）装设接地线应由两人进行（经批准可以单人装设接地线的项目及运维人员除外）。

（2）装设接地线应先接接地端，后接导体端，接地线应接触良好，连接应可靠。拆接地线的顺序与此相反。装、拆接地线均应使用绝缘棒和戴绝缘手套。人体不得碰触接地线或未接地的导线，以防止触电。带接地线拆设备接头时，应采取防止接地线脱落的措施。

（3）对于可能送电至停电设备的各方面都应装设接地线或合上接地隔离开关（装置），所装接地线与带电部分应考虑接地线摆动时仍符合安全距离的规定。

（4）在门型构架的线路侧进行停电检修，如工作地点与所装接地线的距离小于10m，工作地点虽在接地线外侧，也可不另装接地线。

（5）检修部分若分为几个在电气上不相连接的部分（如分段母线以隔离开关或断路器隔开分成几段）则各段应分别验电接地短路。降压变电站全部停电时，应将各个可能来电侧的部分接地短路，其余部分不必每段都装设接地线或合上接地隔离开关。

（6）接地线、接地隔离开关与检修设备之间不得连有断路器或熔断器。若由于设备原因，接地隔离开关与检修设备之间连有断路器，在接地隔离开关和断路器合上后，应有保证断路器不会分闸的措施。

（7）在配电装置上，接地线应装在该装置导电部分的规定地点，这些地点的油漆应刮去，并划有黑色标记。所有配电装置的适当地点，均应设有与接地网相连的接地端，接地电阻应合格。接地线应采用三相短路式接地线，若使用分相式接地线时，应设置三相合一的接地端。

（8）接地线应使用专用的线夹固定在导体上，禁止用缠绕的方法进行接地或短路。

5.5.5 压板的操作

测量跳闸出口压板两端无电压是因为微机保护的功能投入回路、逻辑计算回路都能进行自检，但保护动作的跳闸出口回路没有自检功能，所以检查保护跳闸回路是否正常，跳闸出口继电器接点粘连或动作后自保持很有必要，否则将导致断路器跳闸或断路器无法合上。

（1）对压板进行测量时，必须采用高内阻万用表，并确保其完好且不超检验周期，并将万用表切换到相应的挡位。为了防止插口插错，在使用万用表进行测量之前，应有操作人唱票进行，监护人核对正确。

（2）在对某一压板进行检查测量时，操作人在得到监护人的操作提示后，指向操作压板，由监护人唱出被测量压板的名称，测量人认真核对，并复诵正确后方可进行测量。

（3）测量时先搭测压板的两端；为保证接触良好，还应用对地测量法进行测量，测量时表笔一支搭在压板的连接螺杆上，另一支接地，但必须两端接触良好。

（4）正常结果应是：上端对地有电压；下端对地无电压；两端头无电压。

注意：保护出口信号指示灯亮（或出口信号器继电器掉牌）时严禁投入压板，应查明保护动作原因；操作压板应防止压板触碰外壳或相邻出口跳闸压板，造成保护装置误动作。

5.5.6 后台操作方法

（1）双方来到监控机前，操作人打开需操作断路器的主接线画面。

（2）监控系统操作前应进行操作人员登录，一般由操作人负责进入监控系统后台机操作界面。

（3）与监控系统后台机有接口的微机五防装置使用时必须按照设计要求使用，将所要操作的步骤从五防机传到后台机，如发生故障，应查明原因。

（4）监护人提示需操作断路器，操作人将鼠标置于需操作断路器图标上，手指并读唱设备命名。

（5）监护人核对设备命名相符后，发出"对"的确认信息。

（6）操作人点击开关图标打开操作界面，双方分别输入用户名、口令，操作人输入开关命名。

（7）双方核对断路器命名、状态、操作提示等正确无误。

（8）监护人唱票，操作人手指并复诵。

（9）监护人发出"对，执行"命令。

（10）操作人按下鼠标进行正式操作。

（11）双方核对监控机上操作后提示信息、断路器变位、潮流变化等正确。

（12）双方核对保护、测控屏上有关断路器操作信息正确。

（13）监护人在操作票上打勾，方完成后台机上的一步操作，监护人再提示下一步操作步骤。

注意：在当地后台进行操作时，具备间隔界面操作的必须进入间隔界面进行操作，操作前应检查光字信息是否正常，信息告警窗内信息是否正常等。不正常时要先分析原因，排除异常信息后，按后台系统设定的操作程序输入相关信息，完成操作。执行后需检查电压和电流遥测信息及光字信息及信息告警窗内信息是否有异常信息。确认后台检查无异常告警信息后，到现场检查实际位置指示。

5.6 倒闸操作工具及安全工具的使用和检查方法

安全工器具是指防护工作人员发生事故，辅助作业人员进行工作的工器具，如变电运行作业中所需要使用的安全帽、绝缘手套、绝缘靴、验电器、接地线、个人保安线、绝缘杆、绝缘梯、操作杆、万用表等，它的正确检查及使用将保障运行人员的人身安全。在设备异常或突发事故时，将作为保护人身安全的最后一道屏障，因此运维人员必须认真掌握使用和检查方法。

5.6.1 安全帽

（1）安全帽检查要点。

1）外观检查。清洁、完好，无机械损伤、变形、老化等现象；帽衬组件齐全、牢、固；有出厂检验合格标志。

2）使用周期检查。使用期限为制造之日起，塑料帽不大于 2.5 年，玻璃钢帽不大于 3.5 年。

3）近电报警式安全帽在使用前应检查报警器处于正常状态。

（2）安全帽使用要求。

1）使用范围。进入一次设备现场的巡视、操作、监护、登高作业等工作必须按规定色彩戴好安全帽。

2）使用规范。使用安全帽时，佩戴应端正，不准歪戴或斜戴，然后将后扣调节到合适位置（或将帽箍扣调整到合适的位置），锁好下颚带，防止工作中前倾后仰或其他原因造成滑落。

5.6.2　绝缘手套

（1）绝缘手套检查要点。

1）外观检查。表面光滑、清洁，胶质不发粘、变色。

2）使用周期检查。应在实验周期内（半年）。

3）漏气检查。将手套朝手指方向卷曲，挤压手套检查有无漏气或裂口等。

4）检查过程中还应注意所选用的手套是否为一副，避免出现选用同侧手套，造成操作中断。

（2）绝缘手套使用要求。

1）使用范围。手动操动隔离开关、高压验电、装拆接地线、使用绝缘杆调高压整设备、高压设备发生接地需接触设备的外壳和架构时、更换电容器跌落熔丝、使用钳形电流表测量电流均必须戴绝缘手套。

2）使用规范。使用绝缘手套时应将外长袖口放入手套的伸长部分。

5.6.3　绝缘靴

（1）绝缘靴检查要点。

1）外观检查。表面光滑、清洁，大底磨损不严重，无破裂现象。

2）使用周期检查。应在实验周期内（半年）。

（2）绝缘靴使用要求。

1）使用范围。高压设备发生接地时进入故障区域、雨天操作室外高压设时备、设备现场接地电阻不符合要求均必须穿绝缘靴。

2）使用规范。应将裤管套入靴筒内，并要避免接触尖锐的物体，避免接触高温或腐蚀性物质，防止受到损伤。

5.6.4　验电器

验电器检查要点如下：

（1）电压匹配检查。额定电压与被验设备电压等级相一致。

（2）外观检查。表面光滑、清洁完好，伸缩杆升缩灵活，护环套完好。

（3）使用周期检查。应在实验周期内（1年）。

（4）测试检查。按动试验按钮，发出声光符合要求（应发出红光及声响，若发出绿光则应更换电池，若无声光信号则应更换该验电器）。

5.6.5　接地线

1. 接地线检查要点

（1）电压匹配检查。额定电压与被接地设备电压等级相一致。

（2）外观检查。有双三角标志；导体端无夹头损坏现象，金具紧固不松动；多股软铜线不松股、不断股，外护套无明显磨破，盘卷整齐；接地端金具齐全不松动。

（3）使用周期检查。应在实验周期内（4年，《安规》中规定不超过5年）。

（4）对于线杆分离型的接地线，还应检查其操作杆表面光滑、清洁且在实验周期内（暂定1年），末端堵头完整。

2. 接地线使用范围

（1）无接地闸刀的设备需要检修工作。

（2）因工作需要，不能将接地隔离开关合闸而需要装设接地线的工作。

（3）因工作需要，需要增挂的接地线。

3. 接地线管理要求

（1）接地线应各运维班统一编号，不得重复；存放时应定置存放，如有条件应放入智能安全用具柜中定置管理。

（2）装、拆接地线，应做好记录（包括接地线使用记录簿、接地线去向牌、模拟图板、工作票票面、监控后台应与现场一致）。使用完毕应将接地线擦拭干净，整理整齐后（接地端元宝螺丝应旋到底，避免搬运过程中脱落）按定置存放，且接地线号码与存放位置号码必须一致。

（3）外部人员严禁将任何形式的接地线带入站内。工作中需要加挂工作接地线，应使用变电站内提供的工作接地线。运行人员应做好接地线的借用手续及记录（应在接地线使用记录簿、接地线去向牌、模拟图板及工作票备注栏做记录），运行人员应对本站内装拆的工作接地线的地点和数量正确性负责。

（4）交接班时应交待清楚接地线的数量、号码以及装设的地点。

5.6.6 个人保安线

1. 个人保安线检查要点

（1）外观检查。有双三角标志；导体端无夹头损坏现象，金具紧固不松动；多股软铜线不松股、不断股，外护套无明显磨破，盘卷整齐；接地端金具齐全不松动。

（2）使用周期检查。应在实验周期内（4年，《安规》中规定不超过5年）。

2. 个人保安线使用要求

（1）使用范围。因工作需要使用个人保安线的。

（2）使用规范。个人保安线应接触良好，连接应可靠，禁止使用其他物品替代。

3. 个人保安线管理要求

（1）个人保安线应各运维班统一编号，不得重复；存放时应定置存放，如有条件应放入智能安全用具柜中定置管理。

（2）使用完毕应将接地线擦拭干净，整理整齐后按定置存放，且号码与存放位置号码必须一致。

（3）外部人员严禁将任何形式的接地线带入站内。工作中需要使用个人保安线的，应使用变电站内提供的个人保安线。运行人员应做好个人保安线的借用手续及记录（应在接地线使用记录簿、接地线去向牌、模拟图板及工作票备注栏做记录）。

（4）交接班时应将个人保安线等同于接地线，交待清楚其的数量、号码。

5.6.7　绝缘杆（令克棒）

（1）绝缘杆检查要点。

1）外观检查。表面光滑、清洁，无明显磨损；末端堵头完整；金属头及各连接金具连接牢固、可靠。

2）使用周期检查。应在实验周期内（1年）。

（2）绝缘杆使用要求。

1）使用范围。用于拉合隔离开关，调整设备位置。

2）使用规范。

a）必须佩戴绝缘手套后使用。

b）使用过程中注意与带电设备的安全距离。

c）使用过程中注意用力均匀，切不可强力操作。

5.6.8　绝缘梯

（1）绝缘梯检查要点。

1）外观检查。外观梯子无明显开裂、断档现象。防滑橡皮、限位链条完好；升降梯应检查上下滑轮及控制爪是否灵活可靠，滑轮轴有无磨损；梯子上端1m处应有红色警示色。

2）使用周期检查：应在实验周期内（现改为1年，安规半年）。

3）根据工作内容的不同，选用高度合适不同类型的梯子。

（2）绝缘梯使用要求。

1）使用范围。用于需要绝缘梯登高作业的项目。

2）使用规范。

a）梯子搬运需由两人放倒搬运，并与带电部位保持足够的安全距离。如在开关室内搬运梯子前，应先检查搬动通道上方无遮栏带电设备具体情况。

b）梯子摆放应可靠牢固，在水泥或光滑坚硬的地面上使用梯子时，梯脚应有可靠的防滑措施（如防滑橡皮），有条件时可在其下端安置橡胶套或橡胶布；在木板或泥地上使用竹梯子时，其下端必须有带尖头的金属物，或用绳索将梯子下端与固定物缚住；靠在管子上使用梯子时，其上端须有挂钩或用绳索缚住；在使用人字梯时，须有坚固的铰链和限制开度的拉链。

c）在梯子上工作时，梯与地面的夹角以60°为宜，梯子不能稳固搁置时，可派人扶持，以防梯子下端滑动，同时必须做好防止落物打伤梯下人员的安全措施，上下梯子时应面部朝内，严禁两人站在同一个梯子上工作，梯子的最高两档不得站人。

d）对于人字梯，扶梯人和爬梯人最好在两个方向，便于爬梯人上下；升降梯升出后，升降绳必须牢固可靠绑扎在梯子下部。

e）在带电设备区，不宜使用铝合金梯，严禁使用铝合金升降梯。

5.6.9 操作杆

（1）操作杆检查要点。

1）外观检查。无破损、锈蚀断裂情况。

2）使用周期检查。无周期。

3）应根据操作设备的型号，选用正确的操作杆。

（2）操作杆使用要求。

1）使用范围。设备需要使用操作杆才能操动的操作（如断路器手车摇柄，手动操作隔离开关的操作杆，所用变低压隔离开关操作杆等）。

2）使用规范。应根据操作任务中涉及的设备进行使用，操作高压设备时必须佩带绝缘手套。

5.6.10 万用表（数字式）

数字式万用表可以根据需要进行交（直）流电压、电流以及电阻的测量，运维人员在现场使用最多的是电压和电阻的测量。

（1）万用表检查要点。

1）外观检查。万用表外观无破损，红、黑测量线无破损，与万用表插口接触良好。检查方法为：切至电阻挡时，红、黑线短接，至电阻挡的蜂鸣挡位时蜂鸣器鸣响，液晶显示为"0"或者一个接近于0的数字，表明万用表红黑线与万用表插口接触正常（万用表型号不同时，液晶显示可能有差异）。开机检查电池无欠压报警，液晶显示清晰正常，各量程之间切换清晰、无卡滞。

2）使用周期检查。应在实验周期以内（4年）。

3）使用要求。两人进行，一人测量，一人监护。

（2）万用表交流电压的测量。测量低压交流电压回路时，应使用交流电压挡，其挡位应选用大于被测电压为宜，如三相220V所用电回路，应选用大于其线电压（380V）的最小挡位。使用方法为：①选择测量电压的插口；②切换至交流电压挡；③用万用表的红线和黑线分别接触要测量的部位，万用表的读数即为红、黑线触点之间的电位差，测量时红线和黑线在测量过程中不得相互触碰，以防短路。

（3）万用表直流电压挡。测量低压直流电压回路时，应使用直流电压挡，其挡位应选用大于被测电压为宜，如站用直流系统为220V直流回路，应选用大于直流220V的最小挡位。使用方法为：①选择测量电压的插口；②切换至直流电压挡；③用万用表的红线和黑线分别接触要测量的部位，万用表的读数即为红、黑线触点之间的电位差，测量时红线和黑线在测量过程中不得相互触碰，以防短路。

（4）万用表电阻挡。使用电阻挡时，应确保设备两端却无电压，禁止设备带电测量阻值，否则极易引起短路接地情况的发生。使用方法为：①选择测量电压的插口；②切换至电阻挡，使红线和黑线相互接触，万用表显示为读数为"0"，至电阻挡的蜂鸣挡位时蜂鸣器鸣响；③用万用表的红线和黑线分别接触要测量的部位，注意观察，万用表的读数即为红、黑线触点之间的电阻值。

注意：使用万用表判断熔断器是否熔断时，用电阻挡测量必须取下熔断器进行测量，如果现场条件不能取下熔断器进行测量判断时，一般选电压挡进行测量。测量时先确定回路的交、直流性质，注意不要选错交、直流的挡位。然后，黑线接触地电位点，用红线分别测量熔断器两端头读取对应的读数并记录。如果两次读数一致，说明熔断器正常；如果两次读数不一致，则说明熔断器接触不良或已熔断。

第6章 工作票管理

工作票制度是一种在电气设备上工作保证安全的组织措施。工作票是准许在电气设备上工作的书面命令，是明确安全职责，向作业人员进行安全交底、履行工作手续、实施执行安全技术措施的书面依据。

变电站运维人员是工作许可人，更是安全措施的执行者。运维人员的工作贯穿于整个工作票的执行过程，对工作票的正确性有直接的责任。通过工作票可以明确安全职责，执行安全组织措施；可以向工作人员进行安全交底，履行工作许可，工作间断、转移和终结手续，因此变电运维人员必须严格遵守与执行工作票制度。

6.1 工作票要求

工作票首先要把住执行前的审核关，重点应放在执行过程中，工作票执行过程应严格按"六要""七禁""八步"要求进行。

6.1.1 工作票执行基本条件（简称工作票执行"六要"）

1. 要有批准公布的工作票签发人和工作负责人名单

（1）工作票签发人应经单位主管生产领导批准，每年审查并以正式文件公布。

（2）工作负责人应经工区（所、公司）生产领导批准，每年审查并以正式文件公布。

（3）修试及基建单位的工作票签发人和工作负责人名单应事先送设备运行管理单位备案。

2. 要有批准公布的工作许可人员名单

（1）工作许可人应经工区（所、公司）生产领导批准，每年审查并以正式文件公布。

（2）跟班实习运行值班人员经上级部门批准后，允许在工作许可人的监护下进行简单的第二种工作票的许可。

（3）许可第一种工作票应由正值及以上资格运行值班人员担任。

3. 要有明显的设备现场标志和相别色标

（1）所有电气设备（包括五小箱）均必须有规范、醒目的命名标志。

（2）现场一次设备要有相应调度命名的设备名称和编号。

（3）现场一次设备要有相别色标。

4. 要有合格的现场作业工作票

（1）在电气设备上工作，应填用合格的工作票。

（2）事故应急抢修可不用工作票，但应用事故应急抢修单。

5. 要有明确的调度许可指令

（1）调度管辖设备工作，应有明确的调度许可指令。

（2）变电所自行调度设备或管辖区域工作，应有明确的运行值班负责人的许可指令。

6. 要有完备的现场安全措施

（1）工作现场应有符合实际的正确完备的安全措施。

（2）安全措施应在工作许可前全部实施完毕。

6.1.2 工作票执行禁止事项（简称工作票执行"七禁"）

1. 严禁无工作票作业

（1）严禁不使用工作票进行现场作业。

（2）严禁不使用事故应急抢修单进行现场事故应急抢修。

2. 严禁未经许可先行工作

（1）工作票未经许可，工作人员不得进入作业现场，不允许开始工作。

（2）工作间断后，次日复工时未经工作许可人许可，工作人员不得进入作业现场，不允许开始工作。

3. 严禁擅自变更安全措施

（1）运行值班人员和工作班成员均不得擅自变更工作现场安全措施。

（2）工作中确因特殊情况需要变更现场安全措施时，应先取得对方的同意（根据调度员指令装设的接地线，应征得调度员的许可），并将变更情况记录在运行日志内。

4. 严禁擅自试加系统工作电压

（1）在检修工作结束前，严禁擅自对检修设备试加系统工作电压。

（2）确因工作需要对检修设备试加系统工作电压时，应将全体工作人员撤离工作地点，收回工作票，采取相应安全措施，并在工作负责人和运行值班人员全面检查无误后方可进行。

（3）试加系统工作电压由运行值班人员操作。

（4）加压完毕，工作班仍需继续工作时，应重新履行工作许可手续。

5. 严禁随意超越批准的检修作业时间

（1）工作票有效时间以批准的检修期为限，严禁超期工作。

（2）确因故未能按期完工时，应在工期尚未结束前办理工作票延期手续。

6. 严禁未经验收结束工作票

（1）全部工作完毕后，应经运行值班人员验收合格，并将设备恢复至运行值班人员许可时状态，方可结束工作票。

（2）对于无人值班变电站部分简单工作允许未经验收结束工作票的规定，由各单位主管生产的领导批准。

7. 严禁擅自合闸送电

（1）在未办理工作票终结手续前，任何人员不准将停电设备合闸送电。

（2）在工作间断期间，若有紧急需要，运行值班人员可在工作票未交回的情况下合闸送电，但应先通知工作负责人，在得到工作班全体人员已经离开工作地点、可以送电的答复，并采取相应安全措施后方可合闸送电。

6.1.3 工作票执行基本步骤（简称工作票执行"八步"）

（1）收到并审核工作票。

（2）接受调度工作许可。

（3）布置临时安全措施。

（4）核对安全措施，许可工作票。

（5）办理工作过程中相关手续。

（6）设备验收，工作终结。

（7）拆除临时安全措施，汇报调度。

（8）终结工作票。

6.1.4 工作票所列人员的基本条件和安全责任

6.1.4.1 基本条件

1. 工作票签发人

（1）应熟悉工作班人员技术水平、设备状况、规程规定，具有相关电气工作经验，由工区（所、公司）分管领导、技术人员或经单位生产领导批准的人员担任。

（2）每年应通过技术业务、安全规程、工作票管理规定、工作票签发等相关内容的考试，合格后经单位安监部门审查、生产领导批准后，以书面形式公布。

（3）若为外包工程，则由外包单位在开工前填写"金华电业局电力外包工程人员资质审批单"，将工作票签发人（仅适用于变电双签发人员）以及最近一次《安规》等相关安全知识考试成绩等有关资料，报发包方项目主管部门签署意见和盖章，并经安监部门审批后，由项目主管部门在开工前 3 天将此审批单及相关资料交与工程相关的部门。

（4）带电作业工作票签发人应由具有带电作业资格、带电作业实践经验的人员担任。

2. 工作负责人、工作许可人

（1）工作负责人应具备相关岗位技能要求，还应有相关实际工作经验和熟悉工作班成员的工作能力。

（2）工作许可人应由一定工作经验的运行人员或检修操作人员（进行该工作任务操作及做安全措施的人员）担任。

（3）工作负责人、工作许可人每年应通过安全规程的考试，经工区（所、公司）分管领导书面批准后，以书面形式公布，报单位安监部门并抄送运行管理单位、相关设备运行单位备案。

（4）若为外包工程，则由外包单位在开工前填写"金华电业局电力外包工程人员资质审批单"，将工作负责人和动火作业工作负责人名单以及最近一次安规考试成绩等有关资料，报发包方项目主管部门签署意见和盖章，并经安监部门审批后，由项目主管部门在开工前 3 天将此审批单及相关资料交与工程相关的部门。

（5）带电作业的工作负责人、专责监护人应由具有带电作业资格、带电作业实践经验的人员担任。

3. 专责监护人

（1）由掌握安全规程，熟悉设备和具有相当的工作经验且具备相关工作负责人资格的人员担任。

（2）每年应通过安全规程的考试，由班组推荐，经工区（所、公司）分管领导书面批准后，以书面形式公布。

4. 电气监护人

在运行变电站内从事非电气工作（如基础施工、房屋修缮、防腐刷漆、防火封堵、场地绿化、地网及消防设施改造等），若该工作由系统内单位承包，则电气监护人由承包方指派。若工程项目由公司职能部室直接发包给系统外施工单位，可由公司职能部室出具联系单指定设备主管单位或运行单位担任电气监护人。

6.1.4.2 安全责任

1. 工作票签发人

（1）工作必要性和安全性。

（2）工作票上所填安全措施是否正确完备。

（3）所派工作负责人和工作班人员是否适当和充足。

2. 工作负责人（监护人）

（1）正确安全地组织工作。

（2）负责检查工作票所列安全措施是否正确完备，是否符合现场实际条件，必要时予以补充。

（3）工作前对工作班成员进行危险点告知，交待安全措施和技术措施，并确认每一个工作班成员都已知晓。

（4）严格执行工作票所列安全措施。

（5）督促、监护工作班成员遵守本部分，正确使用劳动防护用品和执行现场安全措施。

（6）工作班成员精神状态是否良好，变动是否合适。

3. 工作许可人

（1）负责审查工作票所列安全措施是否正确、完备，是否符合现场条件。

（2）工作现场布置的安全措施是否完善，必要时予以补充。

（3）负责检查检修设备有无突然来电的危险。

（4）对工作票所列内容即使发生很小疑问，也应向工作票签发人询问清楚，必要时应要求作详细补充。

4. 专责监护人

（1）明确被监护人员和监护范围。

（2）工作前对被监护人员交待安全措施，告知危险点和安全注意事项。

（3）监督被监护人员遵守本部分和现场安全措施，及时纠正不安全行为。

5. 工作班成员

（1）熟悉工作内容、工作流程，掌握安全措施，明确工作中的危险点，并履行确认手续。

（2）严格遵守安全规章制度、技术规程和劳动纪律，对自己在工作中的行为负责，互相关心工作安全，并监督本部分的执行和现场安全措施的实施。

（3）正确使用安全工器具和劳动防护用品。

6.2 工作票的使用

在变电站电气设备上工作，需填写工作票。现将工作票种类和其使用范围简述如下。

6.2.1 工作票的种类

在电气设备上工作，应填用工作票或事故应急抢修单，其方式有以下种类：

（1）填用变电站第一种工作票。

（2）填用电力电缆第一种工作票。

（3）填用变电站第二种工作票。

（4）填用电力电缆第二种工作票。

（5）填用变电站带电作业工作票。

（6）填用变电站事故应急抢修单。

6.2.2 工作票的使用范围

1. 填用第一种工作票的工作

（1）高压设备上工作需要全部停电或部分停电者。

（2）二次系统和照明等回路上的工作，需要将高压设备停电者或做安全措施者（结合高压设备停电工作的配电装置上保护、计量、测控等辅助性装置和回路上的工作）。

（3）高压电力电缆需停电的工作。

（4）直流保护装置、通道和控制系统的工作，需要将高压系统停用者。

（5）火灾报警系统及图像监视系统等工作，需要将高压系统停用者。

（6）其他工作需要将高压设备停电或要做安全措施者。

（7）引线已接上母线的待用间隔高压设备上工作需要做安全措施者。

（8）因土建施工、高压设备房屋修缮、绿化等非电气设备上的工作需要将高压设备停电或要做安全措施，也应填用第一种工作票。

2. 填用第二种工作票的工作

（1）控制盘和低压配电盘、配电箱、电源干线上的工作。

（2）二次系统和照明等回路上的工作，无需将高压设备停电或做安全措施者。

（3）非运行人员用绝缘棒、核相器和电压互感器定相或用钳型电流表测量高压回路的电流。

（4）带电设备外壳上的工作以及不可能触及带电设备导电部分的工作。

（5）高压电力电缆不需停电的工作。

（6）保护控制系统的工作，无需将高压系统停用者。

（7）火灾报警系统及图像监视系统等工作，无需将高压系统停用者。

（8）监控系统设备上的工作。

（9）引线未接上母线的备用间隔高压设备上的工作。

（10）由于工作性质的关系，而不是从人身安全出发，要求将高压设备停电的控制室、继保室或其他远离高压设备区（高压室）的二次回路上工作。

（11）由项目主管部门组织的运行变电站设备验收工作，工作票由施工单位签发并担任工作负责人。

（12）变电站运行区域内装卸货物。

（13）电力电缆两端均在变电站内的不停电工作。

3. 填用带电作业工作票的工作

带电作业或与邻近带电设备安全距离小于一定值［10kV、0.7m，20（35）kV、1m，63（66）、110kV、1.5m］的不停电工作应填用带电作业工作票。

4. 填用事故应急抢修单的工作

事故应急抢修工作是指电气设备发生故障被迫紧急停止运行，需短时间内恢复的抢修和排除故障的工作。事故应急抢修可不用工作票，但应使用事故应急抢修单。

非连续进行的事故修复工作，或24h以内不能完成的事故紧急抢修工作，应转入常规的设备检修流程，转填用变电第一种工作票并履行工作许可手续。

5. 可以不使用工作票的工作

（1）对于没有可能涉及运行设备的工作可不使用工作票，但至少应由两人进行（单独巡视除外）。具体包括：

1）非生产区域的低压照明回路上工作。

2）非生产区域的房屋维修。

3）非生产区域的装卸车作业。

4）设备全部安装在户内的变电站，在对户外树木、花草、生活用水（电）设施等进行维护。

（2）具备单独巡视变电站资质的人员巡视变电站，专业人员进入变电站进行专业巡视或踏勘设备。

（3）事故紧急抢修可不用工作票，但应使用事故紧急抢修单。

（4）运维人员实施不需高压设备停电或做安全措施的变电运维一体化业务项目时，可不使用工作票，但应以书面形式记录相应的操作和工作等内容。

（5）在变电站内所用盘、户内外动力电源箱内接、拆临时电源引线时，无需填用工作票，此类工作按检修工作负责人口头申请执行，但应在运行当值人员指定的地点接、拆电源线，运行当值人员在值班日志上做好记录。

注意：非生产区域是指已设置隔离围栏的生活区域及控制大楼内除主控室监控系统、主控室照明系统和设在主控楼内的继保室、蓄电池室、通信机房以外的其他办公场所或设施的区域。

6. 允许使用一张工作票的工作

（1）在户外电气设备检修，满足同一段母线、位于同一平面场所、同时停送电，且是连续排列的多个间隔同时停电检修。

（2）在户内电气设备检修，满足同一电压、位于同一平面场所、同时停送电，且检修设备为有网门隔离或封闭式开关柜等结构，防误闭锁装置完善的多个间隔同时停电检修。

（3）某段母线停电，与该母线相连的位于同一平面场所、同时停送电的多个间隔停电检修。

（4）一台主变压器停电检修，各侧开关也配合检修，且同时停送电。

（5）变电站全停集中检修。

另外，同一变电站内在几个电气连接部分上依次进行不停电的同一类型的工作，可以使用一张第二种工作票；在同一变电站内，依次进行的同一类型的带电作业可以使用一张带电作业工作票。

7. 线路工作进入变电站

（1）持线路工作票进入变电站进行线路设备工作，应增填进入变电站工作份数（依据涉及就电站数量确定）。

（2）线路工作如果需要变电设备停役或做安全措施（悬挂标示牌、装设临时围栏除外），应使用变电工作票，工作负责人可由线路工作具备资质的人员担任。

（3）线路工作负责人名单应事先送有关运行单位备案。

6.2.3 工作票使用规定

（1）工作票通过公司生产管理系统填写，原则上不使用手工填写。确因网络中断等特殊情况，可以手工填写，但票面应采用生产管理系统中的格式，内容填写符合规定，事后应在生产管理系统中补票。工作票使用 A3 或 A4 纸印刷或打印。

（2）工作票应使用黑色或蓝色的钢（水）笔或圆珠笔填写与签发，一式两份，内容应正确，填写应清楚，不得任意涂改。如有个别错、漏字需要修改，应使用规范的符号，字迹应清楚。

（3）用计算机生成或打印的工作票应使用统一的票面格式，由工作票签发人审核无误，手工或电子签名后方可执行。

（4）工作票一份应保存在工作地点，由工作负责人收执；另一份由工作许可人收执，按值移交。工作许可人应将工作票的编号、工作任务、许可及终结时间记入登记簿。

（5）一张工作票中，工作许可人与工作负责人不得互相兼任。若工作票签发人兼任工作许可人或工作负责人，应具备相应的资质，并履行相应的安全责任。

（6）工作票由设备运行单位签发，也可由经设备运行单位审核合格且经批准的修试及基建单位签发。修试及基建单位的工作票签发人及工作负责人名单应事先送有关设备运行单位备案。

（7）承发包工程中，工作票可实行"双签发"形式。签发工作票时，双方工作票签发人在工作票上分别签名，各自承担本规程工作票签发人相应的安全责任。[运行变电站内承发包工程，从事不停电的辅助设施工作（如基础施工、房屋修缮、防腐刷漆、防火封堵、场地绿化、地网及消防设施改造等），可实行工作票"双签发"。]

（8）承包方（施工单位）在完成本项工作的工作票签发后，送发包单位（运行管理单位）；发包单位（运行管理单位）工作票签发人将承包方签发的工作票内容倒入工作票中，并补充相应安全措施后，由发包方和承包方工作票签发人共同在工作票上签名。

（9）一个工作负责人不能同时执行多张工作票，工作票上所列的工作地点，以一个电气连接部分（电气装置中，可以用隔离开关同其他电气装置分开的部分）为限。

（10）一张工作票上所列的检修设备应同时停、送电，开工前工作票内的全部安全措施应一次完成。若至预定时间，一部分工作尚未完成，需继续工作而不妨碍送电者，在送电前应按照送电后现场设备带电情况办理新的工作票，布置好安全措施后，方可继续工作。

（11）工作票有破损不能继续使用时，应补填新的工作票，并重新履行签发许可手续。

（12）总、分工作票的使用。

1）第一种工作票所列工作地点超过两个，或有两个及以上不同的工作单位（班组）在一起工作时，可采用总工作票和分工作票。

2）总、分工作票应由同一个工作票签发人签发，总、分工作票在格式上与第一种工作票一致。

3）总工作票上所列的安全措施应包括所有分工作票上所列的安全措施。

4）几个班同时进行工作时，总工作票的工作班成员栏内，只填明各分工作票的负责人，不必填写全部工作人员姓名。分工作票上要填写工作班人员姓名。

5）分工作票应一式两份，由总工作票负责人和分工作票负责人分别收执。分工作票的许可和终结，由分工作票负责人与总工作票负责人办理。分工作票必须在总工作票许可后才可许可；总工作票必须在所有分工作票终结后才可终结。分工作票检修单位总工作票负责人向分工作票负责人许可后分别签名。

6）总工作票负责人负责总工作票全部工作内容、安全措施和工作安全，分工作票负责人只负责分工作票的工作内容、安全措施和工作安全。

7）分工作票负责人的变更必须得到总工作票负责人同意；工作人员的变更必须得到分工作票工作负责人的同意确认，变更情况应填写在工作票相应栏内。

8）总工作票的安全措施必须满足变电站集中检修工作和全部分票所需要的安全措施要求。总工作票工作许可人依据总工作票的要求实施安全措施。分工作票"补充安全措施及注意事项"栏主要填写总工作票安全措施中未反映并需要强调补充的内容，具体填写内容可"按总票安措执行"。

9）分工作票工作结束后，分工作票负责人向总工作票负责人汇报并按规定办理分工作票工作终结手续，但不得改变总工作票安全措施，并把分工作票交回总工作票负责人。

10）总、分工作票应按规定实行统一编号，并一一对应，分工作票编号由总工作负责人填写，例如，金华电力公司的总工作票编号为"金华-××变-2013-01-BⅠ-01"，则分工作票编号为"金华-××变-2013-01-BⅠ-001-01"，视分工作票张数将最末两位依次连续编号。

11）满足高压设备同时停、送电，但不在同一电压、同一楼层、同一工作场所工作中，可能会触及带电设备的几个电气连接部分，应由工作票签发人或工作负责人指定若干专责监护人，其监护的地点、具体工作、专责监护人姓名应在工作票备注栏内予以注明。也可采用总工作票和分工作票。

6.2.4　工作票的统计与考核

工作票的合格率统计每月进行一次，由站（班）长或安全员在每月 5 日前，对上一个月工作票的合格率统计工作，统计内容为当月已执行的工作票总张数、合格张数、不合格张数、未执行张数、合格率以及统计人的签名，并将统计结果上报运行主管单位。同时将统计结果留存一份，与已执行的工作票一起保存，保存期限至少为 1 年。

变电站、运维站（班）和变电运维室（运维中心）应对工作票的票面合格率、不规范情况按月或按季进行考核。经统计、考核后的工作票，应在相应的工作票右上角加盖"合格"或"不合格"章。

运维、检修单位都应对工作票的签发、执行情况进行认真的检查、考核，发现问题及时纠正。

6.3　工　作　流　程

6.3.1　收到并审核工作票

第一种工作票应在工作前一日（计划性工作第一种工作票应由工作票签发人在工作前一日 14：00 前送达，并向运行人员告知工作时间、单位、任务、地点和停电范围等。运行人员收到第一种工作票后应及时审核，并于 17：00 前向工作票签发人反馈意见。）预先送达变电站或运维站（班），可直接送达或通过传真、局域网、生产管理系统传送。临时工作可在工作开始前直接交给工作许可人，并在［备注］栏说明原因。

第二种工作票、带电作业工作票可在当日工作开始前送达。对无人值守变电站的第二种工作票应事先通知运维站（班），也可在工作当天由工作负责人带到工作现场，但在工作前一天应先将工作时间、工作内容等告知运维站（班）或调控中心，工作当天由工作负责人将工作票交给工作许可人进行工作许可。工作许可人在许可工作前，应将工作负责人、工作内容、工作时间等向运维站（班）或调控中心当班负责人汇报并得到确认。

对于送交的工作票，变电站运行值班人员应立即审查工作票的全部内容，特别是安全措施是否与工作任务相符合，是否符合现场实际条件和国家电网公司《电力安全工作规程》的规定，经审查不合格，应告知错误的原因（或注明工作票回退原因并回退至工作票签发流程），并通知工作票签发人重新签发。确认无问题后，第一种工作票需填写收到工作票的时间并签名。

第一、二种工作票和带电作业工作票的有效时间以正式批准的检修期限为准。

6.3.2　接受调度工作许可

现场工作前，必须要得到设备管辖调度的许可。

6.3.3　布置临时安全措施

根据工作内容和任务实施现场安全措施；一次设备做临时围栏，在检修设备四周设置围栏，一般情况下只设置一个进口（原则上进口不超过两个）；相关设备挂设标示牌。二次保护在检修设备前后两侧挂红布，相关设备设置红布罩，同屏多间隔用红布将运行间隔前后遮盖；在工作地点设置"在此工作"标示牌。

变电运维人员审核工作票合格后，根据工作票安全措施栏内填写的应拉开开关和刀闸，应装设地线、合接地刀闸等，与实际所做的现场措施核实后，在"补充工作地点保留带电部分和安全措施"栏内填写相应内容，经核对无误后，方能办理工作许可手续。

6.3.4 核对安全措施后许可工作票

工作许可人在完成施工现场的安全措施后，工作班在开始工作之前还应完成以下手续：

（1）会同工作负责人到现场再次检查所做的安全措施，对具体的设备指明实际的隔离措施，证明检修设备确无电压。具体包括：①宜将工作负责人召集到模拟图板（电子图板）前，明确工作任务、计划工作时间，交待设备运行方式、运行设备注意事项；②会同工作负责人到现场逐项交代设备状态，核对无误后由工作负责人在设备状态核对表上"许可"栏中逐项打"√"，分别确认、签名；③电力电缆一端在变电站内、另一端在变电站外时，遇电力电缆停电工作还应得到调度许可。

（2）对工作负责人指明带电设备的位置和注意事项。

（3）和工作负责人在工作票上分别确认、签名。

工作许可后，运行人员不得变更有关检修设备的运行接线方式。工作负责人、工作许可人任何一方不得擅自变更安全措施，工作中如有特殊情况需要变更时，应先取得对方的同意并及时恢复。变更情况及时记录在值班日志内。

设备检修过程中的传动、试验工作由工作负责人全面负责。如需运行人员配合的传动、试验工作，须待运行人员抵达工作现场，由运行人员完成具备传动、试验的各项状态，方可进行传动、试验工作。

无人值班变电站遇有无需任何操作且不影响安全运行和远方监控的下列工作，可采用电话许可方式进行：①自动化装置，通信、计算机及网络设备上工作；②低压照明、检修电源回路、主变冷却系统上工作；③电气测量、计量等设备的校验、维护工作；④高压设备带电测试、红外测温、充油充气设备取样测试工作；⑤电子围栏报警装置、消防设施、图像监控、环境治理、货物装卸工作；⑥未接入运行设备的备用间隔二次设备及回路工作。

符合上述情况连续多日的工作，在次日复工前，应重新履行电话许可手续。电话许可工作票时必须遵循下列规定：

1）许可工作必须按工作票制度、工作许可制度执行，同时须得到工作许可人和工作负责人双方认可。

2）办理许可手续时，通话双方必须全部录音。

3）工作票许可手续和安全措施由工作负责人代为填写和实施，并在备注栏中注明"电话许可"。

4）工作过程中发现异常情况，工作负责人应电话告知运维班当值，运维班应及时派人赶到工作现场进行处理。

5）工作结束后，运维（操作）班应在3天内完成补验收并填写验收意见。

6.3.5 办理工作过程中相关手续

需要变更工作班成员时，应经工作负责人同意，在对新的作业人员进行安全交底手续后，方可进行工作。非特殊情况不得变更工作负责人，如确需变更工作负责人应由工作票签发人同意并通知工作许可人，工作许可人将变动情况记录在工作票上。工作负责人允许变更一次。原、现工作负责人应对工作任务和安全措施进行交接。（遇工作许可人不在现场时，由工作许可人委托现工作负责人将变动情况记录在其所持的工作票上，工作许可人应作好相应的记录。）

在原工作票的停电及安全措施范围内增加工作任务时，应由工作负责人征得工作票签发人和工作许可人同意，并在工作票上增填工作项目。若需变更或增设安全措施者应填用新的工作票，并重新履行签发许可手续。

变更工作负责人或增加工作任务，如工作票签发人无法当面办理，应通过电话联系，并在工作票登记簿和工作票上注明。

第一、二种工作票需办理延期手续，应在工期尚未结束以前由工作负责人向运行值班负责人提出申请（属于调度管辖、许可的检修设备，还应通过值班调度员批准），由运行值班负责人通知工作许可人给予办理。第一、二种工作票只能延期一次。带电作业工作票不准延期。

6.3.6 设备验收后工作终结

检修工作结束，工作班应清扫、整理现场，待全体工作人员撤离工作地点后，变电运维人员随带工作票值班员联与工作负责人共同验收设备，检查有无遗留物，现场是否清洁，核对设备状态和安全措施恢复到工作许可时状态，由工作许可人在设备状态核对卡"验收"栏中逐项打"√"，并向工作负责人了解检修试验项目、发现的问题、试验结果、存在问题和运行中需注意事项，收回所借用的钥匙（在专用记录簿上办理归还手续）。

检修人员按规定做好检修记录以及消缺记录，运行人员确认记录正确无误并确认，然后在工作票上填明工作结束时间。经双方签名后，表示工作终结。

6.3.7 拆除临时安全措施后汇报调度

工作终结后，运行值班人员拆除工作票上所列的临时遮栏和标示牌，恢复常设遮栏。将未拆除的接地线、未拉开的接地刀闸等设备运行方式汇报调度。

6.3.8 终结工作票

工作票终结，在工作票上填写工作票终结时间，在指定位置加盖"已执行"章。使用过的工作票，其中一张（值班员联）由变电站或运维站（班）保存，每月统计、装订成册。

6.4 工作票面说明及典型安措布置

6.4.1 常用工作票票面说明

6.4.1.1 第一种工作票

变电站（发电厂）第一种工作票的填写形式见表 6-1。

表 6-1 　　　　　　　　　　第　一　种　工　作　票

已执行		合格/不合格

变电站（发电厂）第一种工作票

单位：<u>检修试验工区</u>　　　变电站：<u>××变</u>　　　编号：<u>金华-××变-2013-10-BⅠ-001</u>

1. 工作负责人（监护人）：<u>×××</u>　　　　　班组：<u>变电检修一班</u>

2. 工作班人员（不包括工作负责人）：<u>变电检修一班：××，×××，××，状态检测一班：××，×××</u>

　　　　　　　　　　　　　　　　　　　　　　　　　　　　　　　　　共__人

3. 工作内容和工作地点：<u>3 号电容器组电容器缺陷处理。</u>

4. 简图：

35kV Ⅰ段

3号电容器

5. 计划工作时间：自____年____月____日____时____分至____年____月____日____时____分

6. 安全措施（下列除注明的，均由工作票签发人填写，地线编号由许可人填写，工作许可人和工作负责人共同确认后已执行栏"√"）

序号	应拉断路器（开关）和隔离开关（闸刀）（注明设备双重名称）	已执行
1	拉开 3 号电容器断路器，并将断路器小车摇至试验位置	
2	拉开 3 号电容器线路隔离开关	
	⋮	

序号	应装接地线或合接地隔离开关（注明地点、名称和接地线编号）	已执行
1	合上 3 号电容器接地隔离开关	
2	在 3 号电容器组构架上挂____接地线	
3	在 3 号电容器组中性点上挂____接地线	
	⋮	

序号	应设遮栏和应挂标示牌及防止二次回路误碰等措施	已执行
1	将 3 号电容器线路隔离开关操作把手加锁，并挂"禁止合闸，有人工作！"标示牌	
2	在检修设备四周设围栏，挂"止步，高压危险！"标示牌，在围栏入口处挂"从此进出"标示牌	
3	在工作地点设置"在此工作"标示牌	
	⋮	

序号	工作地点保留带电部分和注意事项（签发人填写）	补充工作地点保留带电部分和安全措施（许可人填写）
1	3 号电容器线路断路器隔离开关侧视为带电	1. 相邻 1 号电容器间隔带电

工作票签发人签名：_____ 签发日期：_____年_____月_____日_____时_____分

7. 收到工作票时间：_____年___月___日___时___分　　运行值班人员签名：_____

8. 确认本工作票1～7项

工作负责人签名：_____　　工作许可人签名：_____

许可开始工作时间：_____年___月___日___时___分

9. 确认工作负责人布置的工作任务和安全措施，工作班人员签名：

_____

_____

10. 工作负责人变动：原工作负责人_____离去，变更_____为工作负责人

工作票签发人：_____　_____年___月___日___时___分

11. 工作人员变动情况（变动人员姓名、日期及时间）：_____

工作负责人签名：_____

12. 工作票延期：有效期延长到_____年___月___日___时___分

工作负责人签名：_____　　工作许可人签名：_____　_____年___月___日___时___分

13. 每日开工和收工时间（使用一天的工作票不必填用，可附页）

收工时间				工作负责人	工作许可人	开工时间				工作许可人	工作负责人
月	日	时	分			月	日	时	分		

14. 工作终结：全部工作于_____年___月___日___时___分结束。设备及安全措施已恢复至开工前状态，工作人员已全部撤离，材料工具已清理完毕，工作已终结。

工作负责人签名：_____　　工作许可人签名：_____

15. 工作票终结：临时遮栏、标示牌已拆除，常设遮栏已恢复。

接地线编号：_____等共_____组、接地闸刀（小车）共_____副（台）已拆除或拉开。

保留接地线编号：_____等共_____组、接地闸刀（小车）共_____副（台）未拆除或未拉开。

已汇报调度员_____　　值班负责人签名：_____　_____年___月___日___时___分

16. 备注：

（1）指定专职监护人_____，负责监护_____

_____

（人员、地点及具体工作）

（2）其他事项（可附页）：_____

_____

1. 单位、变电站、编号项

（1）单位。单位指工作任务的执行单位即工作负责人所在单位。

（2）变电站。变电站指工作任务所在变电站。

（3）编号。工作编号由六段字符组成，即"单位名称-变电所名-四位数年份-两位数月份-ＢⅠ-三位数序号"，例如："金华-××变-2013-10-ＢⅠ-001"。

2. 第 1 栏：工作负责人、班组

（1）工作负责人（监护人）。指负责组织执行票列工作任务的人员。

（2）班组。仅填写工作负责人派出的班组。

注：需审核工作负责人资质、工作班组名称是否正确；班组栏只填工作负责人所在班组，其他工作配合人员班组一律不填，即只能填一个班组。

3. 第 2 栏：工作班人员

（1）单一班组人数不超过 5 人，填写全部人员；超过 5 人填写 5 名主要岗位人员。

（2）多班组工作填写每个班组负责该项工作的人员，不限填 5 人；例如，变检一班：×××；状态检测班：×××等 2 人；继保班：×××等 3 人。

（3）共计人数含所有班组的所有人员（包括分工作票负责人），但不包括工作负责人。

（4）外来协助人员。外来协助人员随同工作，应视为相应班组成员。多班组共同使用时，外来人员人数统计到工作负责人班组中，并由工作负责人负责安全监护，在到其他班组工作时，由工作负责人指定班组派专责监护人。例如，若继保班请厂家配合工作，则写：继保班×××等几人（含厂家人员、外聘民工）。

（5）动火工作票的动火负责人、消防监护人、动火执行人应作为主工作票的工作班人员。

4. 第 3 栏：工作内容和工作地点

（1）工作内容应填写检修、试验项目的性质和具体内容。

（2）工作地点是指工作设备间隔或某个具体的设备，应填写调度发文的设备双重命名。

工作内容和工作地点的填写应完整。不同性质的工作不能填入一张票，应按性质分别开票，主要是针对第二种票。

5. 第 4 栏：简图

（1）简图应以变电设备单线图表示，要求简单清晰、直观明了。

（2）示意图符合工作设备的一次接线状态，只需画出和注明停电检修与电源断开点的设备。

（3）出线间隔上端将母线连接画出即可。

（4）示意图中应标明接地线的位置和编号。

（5）待搭接的引线用虚线表示。

（6）新、扩建间隔名称如无调度正式命名时可用基建名称。

（7）拆除和搭接设备与电源之间的电气连接线时，应在工作票示意图中用"＊"标示拆、搭端。

6. 第 5 栏：计划工作时间

计划工作时间以批准的检修期为限；未开工前因天气、电网等原因变动计划工作时间时，应重新填写工作票。票面时间填写采用 24h 格式。

7. 第 6 栏：第一种工作票安全措施

（1）应拉断路器、隔离开关。填写应拉开的断路器和隔离开关、熔断器（包括所变、压变等设备的低压回路）、触头等断开点的设备。

1）同一间隔设备，在开头第 1 次出现的名称要写全双重命名，随后属于同一双重编号的设备可省略双重编号。

2）多个间隔设备，应以间隔为单元按序号分行填写；但对于性质相同的设备，允许一行填写（如：××××、××××正母隔离开关）。

3）应包括以下内容：拉开××断路器；拉开××隔离开关；取下或拉开所用变、压变等有可能向停电设备反送电的二次回路熔断器或空气断路器；拉开所用变低压断路器、所用变低压开关母线侧隔离开关、所用变侧隔离开关。

（2）应装接地线、应合接地隔离开关。填写防止各种可能的来电侧应合的接地隔离开关和应装设的接地线（包括所用变低压侧和星形接线电容器的中性点处）；接地隔离开关和接地线必须按序号逐项分别填写，接地隔离开关的名称和接地线的位置必须填写完整。工作过程中为防止感应电等要求增挂的在此栏上未列写的接地线，应由工作负责人向值班人员办理接地线借用手续，调度不必下令，谁挂谁拆，并做好相关记录。

（3）应设遮栏、应挂标示牌及防止二次回路误碰等措施。填写检修、试验现场应设置的遮栏和应挂标示牌及防止二次回路误碰等安全措施；二次回路误碰安全措施仅填写需要由运行人员实施的安全措施，工作班自行实施的安全措施应单独填写二次工作安全措施票，二次安全措施恢复后由工作负责人和工作许可人签名，一式两联由双方分别收执、考核存档。

（4）工作地点保留带电部分和注意事项。填写上述三栏未明确且必须向工作负责人交待的保留带电部分和安全注意事项，由工作票签发人根据作业现场的实际情况填写；填写工作地点保留带电部分必须注明具体设备和部位包括以下内容：写明工作间隔内××隔离开关××侧带电；与带电设备保持安全距离等内容；若有吊机等大型机械，还应写明吊机拐臂与带电设备保持的安全距离等。

（5）补充工作地点保留带电部分和安全措施。由工作许可人根据工作需要和现场实际，填写上述四栏未明确且必须向工作负责人交待的其他工作地点保留带电部分和安全措施；填写工作地点保留带电部分必须注明具体设备和部位。内容包括：写明相邻××间隔带电；检修设备上下方应具体写明交叉跨越的带电线路或电缆；室内工作应写明两旁及对面间隔设备带电等。（取下或拉开检修断路器的直流熔断器或空气断路器；取下或拉开检修断路器、隔离开关的电动机电源熔断器或空气断路器；取下检修断路器的二次插头。）

（6）已执行。在工作许可人和工作负责人现场共同确认安全措施已执行后，按序号双方分别在许可人联和负责人联工作票上逐项打勾。

注意：需审核安措是否正确齐全，是否符合现场，工作票签发人资质，签发时间应早于计划工作时间。

8. 第 7 栏：收到工作票时间

运维人员收到工作票并审核合格后，填写收到时间。注意收到工作票时间应迟于工作票签发时间，且比工作票工作计划开始时间早一天。

9. 第 8 栏：确认本工作票 1～7 项

变电站值班人员在完成现场安全措施后，在工作票上填写变电站补充工作地点保留带电部分和注意事项后，还应完成以下手续：

（1）会同工作负责人到现场再次检查所做的安全措施，对具体设备指明实际的隔离措施，做好检修设备状态交接工作，由工作负责人在一式两联状态核对表上逐项打勾后，分别确认、签名。

（2）对工作负责人指明带电设备的位置和工作过程中的注意事项。

（3）工作许可人填入许可时间，并和工作负责人分别在工作票上确认签名。

（4）电力电缆一端在变电站内、另一端在变电站外时，遇电力电缆停电工作还应得到调度许可。

（5）在未履行工作许可手续前，工作人员不得在工作地点从事任何工作。设备检修过程中的传动、试验工作由工作负责人全面负责。如需运行人员配合的传动、试验工作，须待运行人员抵达工作现场，由运行人员完成具备传动、试验的各项状态，方可进行传动、试验工作。

注：工作许可前必须先取得相应设备管辖调度的工作许可。

10. 第9栏：工作班人员签名

工作班成员在明确工作负责人、专责监护人交代的工作内容、人员分工、带电部位、安全措施和危险点后，在工作票负责人联上签名确认。工作许可人存联不需填写。

11. 第10栏：工作负责人变动

工作负责人变动，由工作票签发人将变动情况通知工作许可人，原、现工作负责人进行必要的交接，由原工作负责人告知全体工作人员；若工作票签发人不能到现场，由新工作负责人代签名；工作负责人只能变动一次。

若设有专责监护人，则专责监护人变动由工作负责人将变动情况通知全体被监护工作人员；变动期间，被监护工作人员应停止工作，待交接完毕后方可复工。

遇工作许可人不在现场时，由工作许可人委托现工作负责人将变动情况记录在其所持的工作票上，工作许可人应做好相应的记录。

12. 第11栏：工作人员变动

工作人员变动应经工作负责人同意。工作负责人必须向新进人员进行安全措施交底，新进人员在明确工作内容、人员分工、带电部位、安全措施和危险点，并在工作票负责人联上签名后方可参加工作。新进工作人员由工作负责人填写变动日期、时间及姓名，可采用附页进行签名。

13. 第12栏：工作票延期

工作票的有效时间以批准的检修期为限。工作票需办理延期手续，应在工期尚未结束以前由工作负责人向运行值班负责人提出申请（属于调度管辖、许可的检修设备，还应通过值班调度员批准），由运行值班负责人通知工作许可人给予办理。第一、二种工作票只能延期一次。

14. 第13栏：每日开工收工

记录工作开收工情况（每日收工后工作票仍由工作票负责人执存，次日复工应电话告知工作许可人），无人值班变电站的收工、开工手续可通过电话办理，工作许可人姓名可由工作负责人代签。

15. 第14栏：工作终结

（1）全部工作完毕后，工作班应清扫、整理现场。工作负责人应先周密地检查，待全体工作人员撤离工作地点后，再向运行人员交代所修项目、发现问题、试验结果和存在问题等并做好相应记录。

（2）工作负责人与运行人员共同到现场执行检修设备状态交接验收，检查有无遗留物件，是否清洁。

（3）工作负责人和运行人员确认并签名后，由工作负责人在两联工作票上填入工作终结时间，并在工作票负责人联盖"已执行"章。

（4）动火工作完毕后，动火执行人、消防监护人、动火工作负责人和运行许可人检查现场有无残留火种，是否清洁等。确认无问题后，在动火工作票上填明动火工作结束时间，在各方签名后（若动火工作与运行无关，则三方签名即可），运行人员盖"已执行"章。

工作终结手续结束，如属调度许可的工作应汇报相应调度。

16. 第15栏：工作票终结

（1）工作结束后，由运行值班员拆除现场装设的安全围栏、标示牌，恢复常设的安全围栏。

（2）值班负责人向调度汇报工作结束情况〔包括保留接地线的编号和数量、接地闸刀（小车）数量〕，做好记录并在已终结的工作票许可人联盖"已执行"章。

（3）基、扩建工程，若接地线、接地隔离开关的装（合）、拆（拉）由项目负责人许可时，则第15栏"已汇报调度员"处填写该项目负责人。

注意第15栏中地线、接地隔离开关已拆除或拉开三格划掉不填，票面中出现的所有地线、接地隔离开关均入保留栏（不包括外借地线，外借地线已在14栏填写时交回）；汇报调度员栏时间为拆除安措，恢复常设遮栏后汇报调度所有工作已结束的时间，应早于复役操作正令时间。

17. 第16栏：备注

（1）备注栏的内容需在负责人联和许可人联工作票上记录一致。

（2）指定专责监护人栏应填写××负责监护×××、×××、×××（工作班人员姓名）在××地点的××工作。若地点、人数较多时，应视情况增加专责监护人，填写不下，可采用附页或填用新的工作票并重新履行签发许可手续。

（3）其他事项栏可填写：

1）填写工作接地线装、拆情况和因高压回路上工作时需要操作接地线变动的情况，包括接地线编号、装设位置和装、拆时间。

2）填写工作负责人因故暂时离开工作现场，指定临时替代人员及履行交接手续。

3）非电气负责人担任工作负责人时，由工作票签发人填写指派电气监护人。

4）由工作负责人填写专责监护人变更情况。

5）与本工作票有关的其他注意事项。

6.4.1.2 第二种工作票

变电站（发电厂）第二种工作票的填写形式见表6-2。

表 6-2   第 二 种 工 作 票

已执行		合格/不合格

变电站（发电厂）第二种工作票

单位：检修试验工区_____ 变电站：××变_____ 编号：金华-××变-2013-10-BⅡ-006

1. 工作负责人（监护人）：×××_____ 班组：变电检修一班_____

2. 工作班人员（不包括工作负责人）：

×××，×××，×××

_____共_____人

3. 工作内容和工作地点：

变电所全所一次设备巡检。

_____

4. 计划工作时间：自____年____月____日____时____分至____年____月____日____时____分

5. 工作条件（停电或不停电，或邻近带电及保留带电设备名称）不停电_____

_____

6. 注意事项（安全措施）：

序号	注意事项（安全措施）
1	1. 在工作地点设"在此工作！"标示牌（如工作地点不固定，将"在此工作"标示牌交由工作负责人随工作地点一同转移）
	2. 工作中加强安全监护，严禁超出工作范围
	3. 工作中需触碰设备，应经值班人员同意
	4. 翻动电缆盖板时应注意人身安全并防止盖板跌落电缆沟损伤电缆。开启电缆沟盖板后应做好防止人员坠落措施
	5. 按照间隔次序依次进行巡检工作
	6. 注意保持与带电设备的安全距离：220kV的不小于3.00m、110kV的不小于1.50m、35kV的不小于1.00m
	⋮

工作票签发人签名：_____，签发日期____年____月____日____时____分

7. 补充安全措施（工作许可人填写）

序号	补 充 安 全 措 施
1	将"在此工作"标示牌交由工作负责人随工作地点一同转移

8. 确认本工作票1～7项：

许可开始工作时间：_____年____月____日____时____分

工作许可人签名：_____ 工作负责人签名：_____

9. 确认工作负责人布置的工作任务和安全措施。

工作班人员签名：_____

_____

10. 工作负责人变动情况：原工作负责人_____离去，变更_____为工作负责人。

工作票签发人_____ _____年___月___日___时___分

11. 工作人员变动情况（增添人员姓名、变动日期及时间）：

_____

_____工作负责人签名：_____

12. 工作票延期：有效期延长到_____年___月___日___时___分

工作负责人签名：_____

工作许可人签名：_____ _____年___月___日___时___分

13. 每日开工和收工时间（使用一天的工作票不必填用）

收工时间				工作负责人	工作许可人	开工时间				工作许可人	工作负责人
月	日	时	分			月	日	时	分		

14. 工作终结：全部工作于_____年___月___日___时___分结束，工作人员已全部撤离，材料工具已清理完毕。工作负责人签名_____ 工作许可人签名_____

15. 备注：

（1）指定专职监护人_____负责监护_____

_____

（人员、地点及具体工作）

（2）其他事项（可附页）：_____

_____

_____

_____

1. 第 1～3 栏

第二种工作票第 1～3 栏与第一种工作票填写要求一致。

2. 第 4 栏：计划工作时间

计划工作时间应在批准的工作时间内。

3. 第 5 栏：工作条件

工作条件填写"不停电"。电气设备处"运行"或"热备用"状态为不停电状态。

4. 第 6 栏：注意事项

（1）应根据工作需要和现场实际情况或参照当地电力公司的要求填写，如参照《金华电业局变电所第二种工作票典型安全措施及注意事项》要求填写。

（2）工作票列任务属于工作地点流动的工作，工作任务栏签发人已写明多处工作的设备名称时，可以在安全措施栏中注明要求加挂"在此工作"标示牌。

（3）依次进行不停电的同一类型的工作，"在此工作"标示牌由工作许可人设置，也可由工作许可人委托工作负责人或电气监护人按工作票栏内的工作任务和注意事项（安全措施）依次设置。签发工作票时可写"将'在此工作'标示牌交由工作负责人随同工作地点一同转移字样"。

5. 第 7 栏：补充安全措施

（1）填写签发人提出的需由运行人员执行的安全措施执行情况。

（2）需向工作负责人提出的补充安全措施执行情况。

6. 第 8 栏：确认本工作票 1～7 项

双方履行工作许可手续，由工作许可人填写许可开始工作时间，双方签名确认。

7. 第 9～15 栏

第二种工作票第 9～15 栏与第一种票对应栏要求一致。

6.4.1.3　二级动火专用工作票

6.4.1.3.1　动火作业名词解释

（1）动火作业。指在禁火区进行焊接与切割作业及在易燃易爆场所使用喷灯、电钻、砂轮等进行可能产生火焰、火花和炽热表面的临时性作业。

（2）一级动火区。包括：油区和油库围墙内；油管道及与油系统相连的设备，油箱（除此之外的部位列为二级动火区域）；危险品仓库及汽车加油站、液化气站内；变压器等注油设备、蓄电池室（铅酸）；一旦发生火灾可能严重危及人身、设备和电网安全以及对消防安全有重大影响的部位。

（3）二级动火区。包括：油管道支架及支架上的其他管道；动火地点有可能火花飞溅落至易燃易爆物体附近；电缆沟道（竖井）内、隧道内、电缆夹层；调度室、控制室、通信机房、电子设备间、计算机房、档案室；一旦发生火灾可能危及人身、设备和电网安全以及对消防安全有影响的部位。

二级动火专用工作票填写规范为：在二级动火区域进行动火工作应填用二级动火专用工作票，二级动火工作票只能作为一、二种工作票辅助用票，不可单独使用。具体形式见表 6-3。

二级动火工作票

单位（部门）＿＿＿＿＿＿＿　　编号＿＿＿＿＿＿

1. 动火工作负责人＿＿＿＿＿＿＿＿＿＿＿＿＿＿＿＿　　班组＿＿＿＿＿＿＿＿＿＿

2. 动火执行人＿＿＿＿＿＿＿＿＿＿＿＿

3. 动火地点及设备名称＿＿＿＿＿＿＿＿＿＿＿＿＿＿＿＿＿＿＿＿＿＿＿＿＿＿＿＿

＿＿＿＿＿＿＿＿＿＿＿＿＿＿＿＿＿＿＿＿＿＿＿＿＿＿＿＿＿＿＿＿＿＿＿＿＿＿＿

4. 动火工作内容（必要时可附页绘图说明）

＿＿＿＿＿＿＿＿＿＿＿＿＿＿＿＿＿＿＿＿＿＿＿＿＿＿＿＿＿＿＿＿＿＿＿＿＿＿＿

＿＿＿＿＿＿＿＿＿＿＿＿＿＿＿＿＿＿＿＿＿＿＿＿＿＿＿＿＿＿＿＿＿＿＿＿＿＿＿

＿＿＿＿＿＿＿＿＿＿＿＿＿＿＿＿＿＿＿＿＿＿＿＿＿＿＿＿＿＿＿＿＿＿＿＿＿＿＿

5. 动火方式＿＿＿＿＿＿＿＿＿＿＿＿＿＿＿＿＿＿＿＿＿＿＿＿＿＿＿＿＿＿＿＿＿＿

动火方式可填焊接、切割、打磨、电钻、使用喷灯等。

6. 申请动火时间

自＿＿＿＿年＿＿月＿＿日＿＿时＿＿分至＿＿＿＿年＿＿月＿＿日＿＿时＿＿分

7. （设备管理方）应采取的安全措施

＿＿＿＿＿＿＿＿＿＿＿＿＿＿＿＿＿＿＿＿＿＿＿＿＿＿＿＿＿＿＿＿＿＿＿＿＿＿＿

＿＿＿＿＿＿＿＿＿＿＿＿＿＿＿＿＿＿＿＿＿＿＿＿＿＿＿＿＿＿＿＿＿＿＿＿＿＿＿

8. （动火作业方）应采取的安全措施

＿＿＿＿＿＿＿＿＿＿＿＿＿＿＿＿＿＿＿＿＿＿＿＿＿＿＿＿＿＿＿＿＿＿＿＿＿＿＿

＿＿＿＿＿＿＿＿＿＿＿＿＿＿＿＿＿＿＿＿＿＿＿＿＿＿＿＿＿＿＿＿＿＿＿＿＿＿＿

动火工作票签发人签名＿＿＿＿＿＿签发日期＿＿＿＿年＿＿月＿＿日＿＿时＿＿分

动火部门消防人员签名＿＿＿＿＿＿动火部门安监人员签名＿＿＿＿＿＿＿＿

动火部门分管生产的领导或技术的负责人签名＿＿＿＿＿＿＿＿＿＿＿＿

9. 确认上述安全措施已全部执行

动火工作负责人签名＿＿＿＿＿＿＿＿＿　运行许可人签名＿＿＿＿＿＿＿＿

许可时间＿＿＿＿年＿＿月＿＿日＿＿时＿＿分

10. 应配备的消防设施和采取的消防措施、安全措施已符合要求。可燃性、易燃气体含量或粉尘浓度测定合格。

（动火作业方）消防监护人签名＿＿＿＿＿＿＿＿

（动火作业方）安监人员签名＿＿＿＿＿＿＿

动火工作负责人签名＿＿＿＿＿＿＿动火执行人签名＿＿＿＿＿＿＿＿＿

许可动火时间＿＿＿＿年＿＿月＿＿日＿＿时＿＿分

11. 动火工作终结

动火工作于＿＿＿＿年＿＿月＿＿日＿＿时＿＿分结束，材料、工具已清理完毕，现场确无残留火种，参与现场动火工作的有关人员已全部撤离，动火工作票已结束。

动火执行人签名＿＿＿＿＿＿＿（动火作业方）消防监护人签名＿＿＿＿＿＿

动火工作负责人签名＿＿＿＿＿＿＿＿＿运行许可人签名＿＿＿＿＿＿＿＿＿＿

12. 备注

（1）对应的检修工作票编号（如无，填写"无"）＿＿＿＿＿＿＿＿

（2）其他事项

＿＿＿＿＿＿＿＿＿＿＿＿＿＿＿＿＿＿＿＿＿＿＿＿＿＿＿＿＿＿＿＿＿＿＿＿＿＿＿

＿＿＿＿＿＿＿＿＿＿＿＿＿＿＿＿＿＿＿＿＿＿＿＿＿＿＿＿＿＿＿＿＿＿＿＿＿＿＿

6.4.1.3.2　工作票栏目介绍

1. 单位、编号栏

（1）单位填写申请动火工作的单位（部门）。

（2）编号由运行人员填写，填写原则为：例如："金华-××变-2011-08-BⅠ-001-火001"与"金华-××变-2011-08-BⅡ-001-火001"同一张工作票的动火票采用连续编号，不同一张工作票的动火票从"火001"重新开始编号。

2. 第1栏：动火工作负责人栏

（1）动火工作负责人必须是主工作票中的工作班成员，并且在《动火作业工作负责人名单》上经批准公布，两者缺一均不可担任该项工作的动火工作负责人。

（2）班组为动火作业具体实施的班组。

3. 第2栏：动火执行人栏

动火执行人必须是工作票中的工作班成员，并有相关资质，两者缺一不可，不得与动火工作负责人兼任。

4. 第3栏：动火地点及设备栏

由工作部门填写动火工作的具体地点及设备名称。

5. 第4栏：动火工作内容栏

由工作部门填写动火工作的具体内容。

6. 第5栏：动火方式栏

由工作部门填写，动火方式可填焊接、切割、打磨、电钻、使用喷灯等。

7. 第6栏：申请动火时间

由工作部门填写，时间不得超过120h，即5天，应在主工票计划工作时间内。

8. 第7栏：（设备管理方）应采取的安全措施

由设备管理部门填写。

9. 第8栏：（动火作业方）应采取的安全措施

动火作业方应采取的安全措施由工作部门填写，包括：

（1）动火工作票签发人签名。动火工作票签发人必须在《动火作业工作票签发人名单》上经批准公布，可不为主工作票中工作班成员，但动火工作签发人、动火监护人、动火执行人三者不得兼任。

（2）签发日期。签发日期应早于申请动火时间。

（3）动火部门消防人员签名。为动火部门的班组消防管理员，可不为主工作票中工作班成员。

（4）动火部门安监人员签名。为动火部门的班组安全管理人员，可不为主工作票中工作班成员。

（5）动火部门分管生产的领导或技术负责人签名。为动火部门的班组技术管理人员，可不为主工作票中工作班成员。

10. 第9栏：确认上述安全措施已全部执行

（1）动火工作负责人签名。为该动火工作票工作负责人。

（2）运行许可人签名。为该动火工作票工作许可人。

（3）许可时间。为该动火工作票运行人员许可工作开始时间，不得早于主工作票或动火票计划工作时间。

11. 第 10 栏

（1）（动火作业方）消防监护人签名。为该动火作业方指定的现场消防监护人员，必须为主工作票中工作班成员。

（2）（动火作业方）安监人员签名。可不为主工作票中工作班成员。

（3）动火工作负责人签名。为该动火工作票工作负责人。

（4）动火执行人签名。为该动火工作票动火执行人。

（5）许可动火时间。为该动火工作票工作负责人许可动火执行人开始工作时间。

12. 第 11 栏

（1）动火工作终结。为该动火工作结束时间。

（2）动火执行人签名。为该动火工作票动火执行人。

（3）（动火作业方）消防监护人签名。为该动火作业方指定的现场消防监护人员。

（4）动火工作负责人签名。为该动火工作票工作负责人。

（5）运行许可人签名。为该动火工作票工作许可人。

13. 第 12 栏：备注

（1）对应的检修工作票编号（如无，填写"无"）。本动火票作为工作票的辅助票使用，填写主工作票的编号，动火工作票不得单独使用。

（2）其他事项。其他补充注意事项及动火票中无对应栏目的事项。

14. 注意事项

变电站二级动火工作，动火工作负责人应具备电气工作负责人资格，工作负责人、动火工作负责人、消防监护人的相互兼任应按以下规定执行：

（1）工作负责人在兼任二级动火工作负责人时，动火工作负责人不得兼任消防监护人。

（2）二级动火工作负责人在兼任消防监护人时，工作负责人不得兼任动火工作负责人。

（3）专项的二级动火工作时，动火工作负责人和消防监护人可以由工作票负责人同时兼任。

6.4.2 典型安全措施布置

6.4.2.1 户外一次设备安全设施布置

户外常规一次设备检修时，应将检修间隔四周设置安全围栏，在工作地点围栏的出入口处设置"从此进出"标示牌，在工作地点设置"在此工作"标示牌，如图 6 - 1 所示。

一个围栏中户外单间隔工作安措布置图例如图 6 - 2 所示。

原则上一个围栏内设置一块"在此工作"标示牌，若工作面中有马路隔开时，则断路器侧工作设备区内设一块，线路侧工作设备区内设一块。

图 6-1　户外一次设备安全设施布置实例

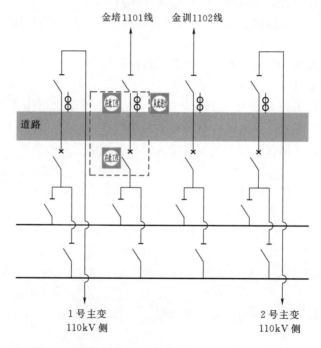

图 6-2　户外一次设备安全设施布置图例（单间隔）

一个围栏中户外多间隔工作安措布置图例如图 6-3 所示。

一个围栏内多间隔有工作时，"在此工作"标示牌按间隔数量放置，若工作面中有马路隔开时，则有工作地间隔开关侧工作设备区内设一块，线路侧工作设备区内设一块。

此外，一个安全围栏原则上只能设一个开口，最多不超过两个开口，开口方向应方便检修人员、车辆进出，并尽可能朝场地道路方向，户外围栏开口不宜过大，以检修车辆（吊机）方便通行为限，不需要车辆（吊机）的户外设备检修工作时，围栏开口以检修人员进出方便为宜。

在户外 GIS 组合电器的安全措施布置中，检修设备能单独隔离的，按户外常规检修

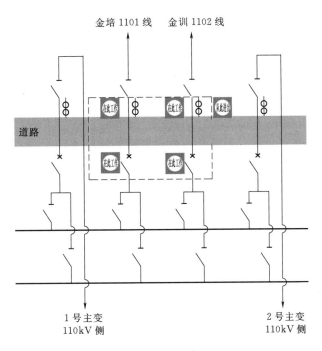

金培 1101 线　　金训 1102 线

道路

1 号主变
110kV 侧

2 号主变
110kV 侧

图 6-3　户外一次设备安全设施布置图例（多间隔）

设备安措设置标准；检修设备不能单独隔离的，应在工作地点相邻的运行设备上设置（悬挂）"运行设备"红布幔，红布幔长度、宽度应适合并应绑扎固定，防止被风吹起。

户外构架上的工作安全设施布置实例如图 6-4 所示。

图 6-4　户外构架上工作安全设施布置实例

在工作地点邻近带电部分的横梁上悬挂"止步，高压危险"标示牌。在工作人员上下爬梯上，悬挂"从此上下"标示牌。在邻近其他可能误登的带电构架上，悬挂"禁止攀登，高压危险"标示牌。

6.4.2.2 户内一次设备安全设施布置

1. 移开式金属铠装柜（开关检修或开关及线路检修时）

（1）无需将开关柜门打开的工作，则应将开关柜门锁住，并悬挂或吸附设置"止步，高压危险"标示牌，在工作地点两旁及对面运行设备间隔柜门上悬挂或吸附设置"止步，高压危险"标示牌，在工作地点设"在此工作"标示牌，如图 6-5 所示。

（2）需将柜门打开的工作，则应打开柜门，确认开关活门挡板可靠封闭并加锁（一般在带电侧的活门连杆上加挂临时锁具，工作结束拆除安措时应及时收回锁具，定置保管），在开关活门处悬挂或吸附设置"止步，高压危险"标示牌，在工作地点两旁及对面运行设备间隔柜门上悬挂或吸附"止步，高压危险"标示牌，在工作地点设"在此工作"标示牌，如图 6-6 所示。

2. 固定式金属铠装柜（断路器检修或断路器及线路检修时）

户内固定式金属铠装柜需将开关柜门打开的工作安全设施布置实例如图 6-7 所示。

图 6-5 户内移开式金属铠装柜无需将开关柜门打开的工作安全设施布置实例

图 6-6 户内移开式金属铠装柜需将开关柜门打开的工作安全设施布置实例

图 6-7 户内固定式金属铠装柜需将开关柜门打开的工作安全设施布置实例

3. 35kV 及 10kV 户内配电装置整段母线检修

35kV 及 10kV 户内配电装置整段母线检修工作安全设施布置图例如图 6-8 所示。

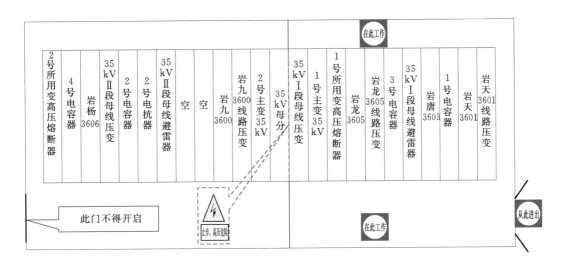

图 6-8 户内 35kV 及 10kV 户内配电装置整段母线检修工作安全设施布置图例

4. 其他

（1）户内 GIS 组合电器，应在工作地点相邻及对面运行设备上设置（吸附或悬挂、绑扎）"运行设备"红布幔，相邻设备以水平隔室的隔离处为界。

（2）110kV 户内桥接线配电装置安全围栏设置与户外一次设备检修安全围栏设置相同。

6.4.2.3 二次设备安全设施布置

二次设备安全设施布置标准为：

（1）二次屏柜整屏有检修工作时，在工作屏柜前后设置（地面粘贴或悬挂）"在此工作"标示牌，在工作地点两旁及对面运行保护屏柜上设置（吸附或粘贴）"运行设备"标识，装置前后禁止使用吸附式"运行设备"标识。

（2）同屏多间隔布置的二次屏柜上有工作时，在工作屏柜前后设置（地面粘贴或悬挂）"在此工作"标示牌，在工作屏柜相邻及前后对面二次屏柜上设置（吸附或悬挂）"运行设备"红布幔，在本屏柜内的运行装置上设置（吸附、悬挂、粘贴或绑扎）"运行设备"红布幔。

各二次设备安全设施布置实例如图 6-9～图 6-11 所示，注意空气断路器上禁止使用粘贴式"运行设备"标识。

图 6-9 二次设备安全设施布置实例

图6-10 二次设备（空气断路器）安全设施
布置实例

图6-11 二次设备（压板）安全设施布置实例

第7章 缺 陷 管 理

7.1 工 作 要 求

设备缺陷是指使用中的设备、设施发生的异常或存在的隐患。这些异常或隐患将影响人身、设备和电网安全以及电网和设备的可靠经济运行。

设备缺陷管理必须坚持"三不放过"的原则：缺陷原因未查明不放过、缺陷没有得到彻底处理不放过、同类设备同一原因的缺陷没有采取防范措施不放过，做到控制源头、及时发现、及时消除。

对于缺陷管理应建立健全设备缺陷信息管理系统，提高设备缺陷的处理效率，强化监督考核、统计分析的功能，为制定大修技改计划、反事故措施和设备选型提供依据。应积极采用先进技术和手段，及时发现和处理缺陷。应加强本单位的备品备件管理，确保运行设备有充足的备品备件，以缩短设备缺陷处理时间。

缺陷处理的时限要求：紧急缺陷应立即安排处理，且不应超过24h；重大缺陷一周之内安排处理；一般缺陷半年内安排处理。

7.2 工 作 内 容

7.2.1 缺陷的报告与填报

运行人员发现设备缺陷时，应根据缺陷现象并对照本办法的分类和定性，判别缺陷的分类级别。同时运行人员应在局生产信息系统变电设备缺陷管理流程中填写"设备缺陷报告"，并"提交"。凡运行人员判断为重要及以上的设备缺陷，还必须立即将缺陷详细情况及缺陷的分类意见汇报当值调度值班员。调度在接到运行人员的缺陷汇报后，认为该设备缺陷确属必须紧急处理时，由调度当值通知检修单位、变电所及局相关领导；检修单位应及时处理好紧急缺陷。

1. 缺陷报告填写要求

（1）将缺陷的状态、时间、部位、程度及可能引起的后果描述清楚。

（2）填写对应设备的厂家、型号。

（3）该设备类似缺陷的历史情况。

2. 缺陷报告流程要求

运行单位发现缺陷后，根据不同的情况可进行以下操作：

（1）缺陷的删除。当运行人员发现缺陷填报有误后，应将该缺陷从生产信息管理系统中删除。从下一流程缺陷审核退单的缺陷也应及时删除或重报。

（2）缺陷的追回。当发现缺陷填写错误或其他原因需要将缺陷追回时，可以从审核或从检修安排中进行追回，并删除。

（3）当发现缺陷自行消失时，应按正常流程将缺陷闭环处理。运行单位应通知流程中各环节，完成流程。

（4）在填报缺陷后该缺陷可走两种流程：①正常缺陷上报流程；②缺陷现场消缺流程，此时缺陷将跨过审核和检修安排直接进入检修消缺和验收消缺功能。

（5）紧急缺陷可以进入正常缺陷上报流程，也可以直接或将缺陷追回后进入现场消缺流程。检修中发现的缺陷由运行单位负责填报，进入现场消缺流程进行处理。

7.2.2　缺陷的审核

运行单位应安排缺陷专职，及时了解、审核运行班组上报的缺陷。

1. 缺陷审核填写要求

必须重点保证缺陷现场、设备类型、设备名称、缺陷级别的正确性，并根据缺陷的处理责任单位，确定检修机构。相关栏目必须认真正确填选，不可存在空项。

2. 缺陷审核流程要求

（1）对上报缺陷重新定性，如果认为对上报缺陷的定性不准确，可以对缺陷的定性升级或降级处理。

（2）如认为缺陷上报不准确，可将缺陷退回原填报单位。

（3）对上报的缺陷及时合理分配到检修部门。

（4）根据实际情况对缺陷内容分别作出修正。

7.2.3　缺陷的处理

1. 紧急缺陷的处理

（1）运行部门在汇报紧急缺陷的同时，应加强监视和设法限制缺陷的发展，并将缺陷发展情况及时汇报调度。

（2）检修部门在接到紧急缺陷通知后，立即组织相关人员进行处理。

（3）需停电处理的，由运行部门向当值调度员提出停电申请。

2. 重大缺陷的处理

（1）检修部门在接到重大缺陷通知后，应尽快在规定时间内安排处理。

（2）需停电处理的，由检修部门在缺陷处理的规定时间内办理相关手续，并通知运行部门配合消缺工作。

3. 一般缺陷的处理

（1）检修部门在接到一般缺陷通知后，应在规定时间内组织处理。

（2）需停电处理的，检修部门可将此项缺陷的消缺计划列入停电计划安排处理，或配合第一次停电时安排处理。

7.2.4　缺陷的检修安排

检修单位应安排缺陷专职，及时了解、审核、安排运行单位上报的缺陷。缺陷的检修安排流程要求：

（1）接到缺陷通知后，对缺陷进行了解、确认，并根据缺陷等级期限及设备主管确定的相应期限安排消缺。对该缺陷是否属于本单位处理缺陷进行判断，如果经分析判断不是本单位处理的缺陷，可将该缺陷退回缺陷审核进行处理。

（2）若对缺陷定性有疑问，可将缺陷提交职能部门进行处理。

（3）对从"检修消缺"流程上，由于各种原因检修班组检修未消缺或未完全消缺的缺陷，经确认后再安排，如果确须职能部门协调解决的提交职能部门进行处理。

（4）将缺陷合理安排到检修班组，并规定缺陷消缺时限等要求。

（5）检修单位在安排检修工作时必须全面查看检修设备存在的缺陷，并根据缺陷情况调配检修力量，在下达检修任务时必须明确必须消除的缺陷内容和相关的要求和注意事项。

（6）负责所辖范围内缺陷的信息传递、整理、反馈汇总、统计、分析工作。

7.2.5　缺陷的检修消缺

检修人员在接受检修任务时必须了解清楚检修设备存在的缺陷，并根据缺陷准备相关的资料和工具、仪器、仪表。缺陷的检修消缺流程要求：

（1）检修人员对上报的缺陷处理及检查情况，必须有明确的结论或处理检查结果，并将该内容在变电所检修记录本内进行详细的记录。

（2）检修人员检修工作结束后要求现场进行消缺闭环处理后方可终结工作票，在填写检修处理结果后，对缺陷的消缺结果有两种选择"消缺"和"未消缺"，如果选择"消缺"可以进行验收消缺，如果选择"未消缺"，则将缺陷"退单"到"检修安排"。

（3）检修班组对缺陷进行处理，如果现场条件不满足必须在5个工作日内进行闭环处理。

（4）具备自动直接将未消缺或未完全消缺的缺陷退回检修安排的功能。此时验收消缺不须填写。

（5）对现场消缺缺陷具备直接进行检修消缺的功能。

7.2.6　缺陷的验收

缺陷处理完毕后，检修部门应及时通知运行部门进行验收。变电缺陷由检修人员将处理情况、处理结果记入相关记录；运行部门应将验收情况如实做好相应记录，并将缺陷处理情况汇报相关部门。

线路缺陷经缺陷验收后由运行部门将处理情况、处理结果记入相关记录，并将缺陷处理情况汇报相关部门。

设备缺陷经检修部门处理后，降低了缺陷等级，但未能彻底消除缺陷的，按降级后的缺陷类别重新填报。

7.3　工　作　流　程

设备缺陷的管理工作流程包括设备缺陷的发现、汇报、消缺三个阶段。

1. 设备缺陷发现阶段

设备缺陷发现主要包括监控中心发现的缺陷和现场运行人员巡查设备发现的缺陷。当发生缺陷后，值班负责人需要了解缺陷设备的缺陷情况，并根据当前缺陷对设备的影响情况对缺陷进行定级。

2. 设备缺陷汇报阶段

将缺陷的状态、时间、部位、程度及可能引起的后果描述清楚，汇报调度和相关领导，并在生产系统上报缺陷，等待消缺。

3. 设备缺陷消缺阶段

在生产系统上报缺陷后，由检修单位安排缺陷的消缺工作，运行人员做好协助工作。检修单位消缺完好后需要有明确的结论或处理检查结果，并将该内容在变电所检修记录本内进行详细的记录。运行人员将检修结果汇报当值调度和缺陷专职。

7.4 缺 陷 分 类

设备缺陷类别按照其严重程度分为紧急缺陷、重大缺陷和一般缺陷。

（1）紧急缺陷。设备或设施发生直接威胁安全运行的情况并需立即处理，随时可能造成设备损坏、人身伤亡、大面积停电、火灾等事故的缺陷。

（2）重大缺陷。对人身、电网和设备有严重威胁，尚能坚持运行，不及时处理有可能造成事故的缺陷。

（3）一般缺陷。短时之内不会劣化为重大缺陷、紧急缺陷，对运行虽有影响但尚能坚持运行者。

对上报的紧急缺陷和重大缺陷经过一定的处理（包括通过调整缺陷设备的运行方式），使其危急程度有所下降，但未能达到彻底消除的情况，通过缺陷归口管理部门审核批准后，可将缺陷级别降低。

7.4.1 缺陷设备分类

根据发生缺陷设备的部位及类型，可以将缺陷分为一次设备缺陷、二次设备及其他设备缺陷，包括二次保护、自动化系统、计量、通信、防误装置缺陷以及直流设备、站用电系统、其他设备缺陷。

7.4.1.1 一次设备

一次设备主要根据可靠性的要求进行划分。

（1）断路器类。包括断路器、开关柜（包括操作机构），以断路器机构的端子排为界限，断路器手车设备以二次插件为界限，插件以下到端子排为二次设备，以上为一次设备。

（2）隔离开关类。包括操作机构，以闸刀机构的端子排为界限，同断路器。

（3）组合电器。

（4）阻波器。设备本身及接头。

（5）变压器类。主变、所用变，包括其附件、接头。

（6）TA、TV及耦合电容器。二次引线及以下设备为二次设备，以上为一次设备。

（7）消弧线圈、接地变。控制、信号回路及以下为二次设备，以上为一次设备。接地变同时作所用变运行的设备应归类到接地变。

（8）所用电系统。所用变低压侧引线及以下设备，包括所用电盘表。

（9）高压熔断器。包括TV、所用变熔断器。

（10）电容器。包括熔断器、构架、放电TV。

（11）电抗器。单独电抗器、串联电抗器、电容器电抗器。

（12）防雷接地系统。包括避雷针、接地网。

（13）穿墙套管。指到室内的穿墙套管。

（14）高压熔断器。指所用变、TV熔断器。

（15）母线。指母线导线、构架及瓷瓶。TV、避雷器等相关内容归入相应的设备。

（16）引流线。除接头外的导线。如变压器套管接头开始（不包括接头）到主变隔离开关接头处为止的导线出现问题。

（17）避雷器。母线、线路、电容器、主变的避雷器，不包括装设在保护屏等位置的避雷器，例如直流充电系统避雷器归到直流系统。

（18）电力电缆。铺设在变电所内的电力电缆，到接头为止（包括接头）。

7.4.1.2 二次设备及其他

（1）二次保护。分为自动装置、保护装置及带保护（投入运行）的测控元件、中央信号（常规有小电流接地检测装置、自动重合闸装置、微机故录、BZT、解列装置、重合闸、保护装置、保护信息采集自治）。

（2）自动化系统。分为所自动化（变电所）和站自动化（集控站或监控站）。

1）所自动化范围为由变电所或站（集控站或监控站）发现的由于变电所内原因引起装置不能正常工作的缺陷，该缺陷由修试厂进行处理。变电所内不带保护或带保护但不投入运行的测控元件为所自动化设备。

2）站自动化范围为由变电所或站（集控站或监控站）发现由于站（集控站或监控站）原因引起系统不能正常工作的缺陷，该缺陷由调度所负责处理。

（3）通信。变电站内的通信设备，例如光端机、结合滤波器以下设备，不包括引线。

（4）仪表。分为电能计量装置、盘表等。

（5）直流系统。

1）充电系统。包括充电交流电源、充电装置。

2）蓄电池。

3）直流系统。设备包括直流母线、直流盘上的盘表、直流盘上包括蓄电池盘上的除充电装置、蓄电池、接地装置外的其他设备，例如熔断器、空气断路器等内容。

（6）图像监控系统。

1）图像监控系统。变电站已安装的图像监控系统。

2）消防系统。变电站的消防系统，包括主变消防系统。

3）电子防盗系统。变电站已安装的电子防盗系统。

（7）站用电系统。分为所用变低压侧引线及以下到具体使用回路的内容。该部分内容主要由工区进行处理。

（8）其他。分为厂房等内容。

7.4.2 缺陷定性

7.4.2.1 缺陷定性的原则

设备缺陷的定性应根据：①是否对安全运行造成影响，影响的严重程度；②设备在电力系统中重要程度；③设备的历史情况；④设备结构、原理；⑤当时的系统运行方式。

7.4.2.2 一次设备缺陷类型定性参考

（1）渗油缺陷的区分。渗漏油可分为严重漏油、漏油、严重渗油、渗油。

1）严重漏油。每分钟两滴及以上。

2）漏油。一分一滴及以上。

3）严重渗油。渗油部位有油珠且每分钟一滴以下。

4）渗油。渗油部位无明显油珠，但有明显的油迹。

（2）引线及接头过热缺陷的区分。过热缺陷可分为严重过热、过热、一般过热。温度以红外测温为准。

1）严重过热。设备温度超过100℃及以上。

2）过热。设备温度超过80℃以上。

3）一般过热。根据负荷情况设备温度在80℃以下，但存在过热。

（3）冷却器缺陷的区分渗漏参照渗漏油缺陷区分，本类型主要是针对冷却器装置类（220kV变电站）。

1）冷却器的缺陷定性应根据变压器的负荷、环境温度、油温等情况进行综合考虑。在负荷超过60％或温度超过65℃要求将所有冷却器投入运行，此时如果有一组不能正常投入按紧急缺陷考虑。

2）在负荷低于60％或油温低于65℃时，出现一组或两组不能正常投入按重要缺陷考虑，如果两组以上按紧急缺陷考虑。

3）冷却器装置能正常投入运行，但信号等出现问题，应为重要缺陷。

4）其他能正常运行但有异常的按一般缺陷考虑。

（4）断路器机构压力及SF_6气体压力按发信号情况考虑。引起断路器拒动的为紧急缺陷；断路器能正确动作但需要尽快处理的缺陷按重要缺陷考虑；不影响正常运行的按一般缺陷考虑。

（5）油位。

1）油位看不到。如果有渗漏情况的按紧急缺陷考虑；没有渗漏情况的按一般缺陷考虑。

2）油位偏低。如果有渗漏情况的按重要缺陷考虑；没有渗漏情况的按一般缺陷考虑。

（6）瓷瓶破裂。

1）严重破裂。此时绝缘破坏，不能正常运行或操作，大块破裂引起放电等。

2）破裂。不影响整体绝缘，但破裂面较大，需要更换处理，小块瓷瓶破损等。

3）轻微破裂。不影响运行，破裂面较小，可以长时间运行，例如裂纹等。

（7）机构打压频繁。

1）紧急缺陷。机构长时间频繁打压，持续时间超过 4h 以上；机构频繁打压，机构内并伴有其他异常现象；机构长时间打压超过 10min 以上不能停止的。

2）重要缺陷。以上情况除外的情况。

（8）机构油位。

1）紧急缺陷。出现严重渗油且油位低于正常以上。

2）重要缺陷。出现严重渗油但油位正常者或有渗油但油位看不到。

（9）放电现象。

1）紧急缺陷。出现明显的放电现象，有击穿或发展为接地的可能。

2）重要缺陷。出现明显的放电现象，但对设备运行无影响。

3）一般缺陷。有放电声音，但无明显的放电痕迹。

放电缺陷判断应考虑当时的天气情况，阴雨或高湿度时，对该类缺陷的判断可适当放宽。

7.4.2.3 主要一次设备的缺陷定性参考

（1）变压器，见表 7-1。

表 7-1　　　　　　　　　　变压器缺陷定性参考

缺陷部位	缺 陷 等 级		
	紧急	重要	一般
套管	严重渗油及以上、有渗油现象但油位看不到、瓷瓶破裂严重	有渗油现象但油位正常	
本体	严重漏油	漏油、严重渗油	渗油
冷却器装置	按冷却器的要求进行		
呼吸器、测温	破损、所有温度不能显示	温度误差超过 5℃、一支温度计不能显示。硅胶全部变色	
有载调压装置、油过滤装置	滑挡、不能调节、漏油	信号不正确	渗油
压力阀	误动	没有投入跳闸的误发信号	
油枕包括油位	严重漏油、有渗漏情况油位看不到	漏油、严重渗油。确证假油位	渗油
中性点 TA 等其他附件	瓷瓶严重破裂	破裂	轻微破裂
连接引线	引线断松股、接头或引线严重过热	过热	一般过热
其他	在以上缺陷类型或部位以外的情况		

（2）断路器，见表 7-2。

表 7 - 2   **断路器缺陷定性参考**

缺陷部位	缺 陷 等 级		
	紧急	重要	一般
操作机构	不能执行正常操作	可以运行单需要处理	可以长时运行
辅助开关	引起保护等切换不正确	切换不正确，但对正常运行不影响	
传动机构	断裂、脱落	连杆有裂纹	
绝缘（本体、瓷瓶等）	瓷瓶严重破裂	破裂影响绝缘但可进行运行	轻微破裂不影响运行
连接引线	引线断松股、接头或引线严重过热	过热	一般过热
其他	在以上缺陷类型或部位以外的情况和放电现象		

（3）隔离开关，见表 7 - 3。

表 7 - 3   **隔离开关缺陷定性参考**

缺陷部位	缺 陷 等 级		
	紧急	重要	一般
操作机构	拒分、拒合		
辅助开关	引起保护等切换不正确（TA、TV二次回路）	切换不正确，但对正常运行不影响	
传动机构	断裂、脱落	连杆有严重裂纹	轻微裂纹
绝缘（瓷瓶等）	严重破裂	破裂	轻微破裂
接地闸刀	拉不开	与主刀闭锁不能实现	不能合闸
刀口部位	严重过热，接触不好不能正常运行	过热、接触不好可以运行	一般过热、不影响正常运行
连接引线	引线断松股、接头或引线严重过热	过热	一般过热

（4）TA、TV、耦合电容器，见表 7 - 4。

表 7 - 4   **TA、TV、耦合电容器缺陷定性参考**

缺陷部位	缺 陷 等 级		
	紧急	重要	一般
瓷瓶	破裂严重	破裂	轻微破裂
渗漏	漏油及以上	渗油	轻微渗油
接头引线	引线断松股、接头或引线严重过热	过热	一般过热
其他	在以上缺陷类型或部位以外的情况		

注 在渗漏油的判断中，耦合电容器轻微渗油及以上为紧急缺陷。

（5）消弧线圈、接地变、电抗器、所用变，见表 7 - 5。

表 7-5　　　　　消弧线圈、接地变、电抗器、所用变缺陷定性参考

缺陷部位	缺陷等级		
	紧急	重要	一般
引线接头	引线断松股、接头或引线严重过热	过热	一般过热
绝缘（瓷瓶整体）	破裂严重	破裂	轻微破裂
渗漏油、油位	严重漏油、有渗漏情况油位看不到	漏油、严重渗油	渗油、确证假油位
其他	消弧线圈频繁动作或不动作（按一般缺陷考虑）		

（6）阻波器，见表 7-6。

表 7-6　　　　　　　　　　阻波器缺陷定性参考

缺陷部位	缺陷等级		
	紧急	重要	一般
引线接头	严重过热	过热	一般过热
整体	严重过热	过热	一般过热

（7）避雷器，见表 7-7。

表 7-7　　　　　　　　　　避雷器缺陷定性参考

缺陷部位	缺陷等级		
	紧急	重要	一般
绝缘（瓷瓶）	破裂严重	破裂	轻微破裂

避雷器的缺陷定性可根据泄漏电流值的大小进行判断，其标准如下：

1）在天气良好情况下，泄漏电流表读数超过正常值的 1.2 倍（注意）或 1.4 倍（急停）。

2）阴雨或高湿度天气情况下，两只或以上泄漏电流表读数同时超过正常值的 1.2 倍或 1.4 倍，汇报并缩短监视周期。

3）阴雨或高湿度天气情况下（特别在日温差较大时），单只泄漏电流表读数超过正常值的 1.2 倍，应引起高度重视，读数超过正常值的 1.4 倍时，应立即汇报并要求退出运行，查明原因。

7.4.2.4　二次设备及其他设备的缺陷定性参考

1. 直流系统

（1）紧急缺陷的情况有：①直流接地短时不消失；②直流电压手动及自动不能调节，出现过高或过低，并经判断不是表计问题，超过 +10% 或 -20%；③蓄电池出现严重渗漏，有明显的气体或液体；④配两只及以下充电模块时，其中一只充电模块故障；⑤充电模块的交流电源失去；⑥充电模块直流输出开关跳开合不上。

（2）重要缺陷的情况有：①配三只充电模块及以上一只充电模块故障；②直流接地检测装置经常误发信；③自动或手动调节其中一个回路故障，不能调节；④蓄电池出现多只较严重渗漏情况；⑤继电器接地检测装置故障；⑥直流电压和电流遥信数据不上传或不准

确，误差超过 5%。

（3）一般缺陷的情况有：①蓄电池出现轻微渗漏；②接地误发信；③现场值与遥信值误差在 5% 以内。

2. 防误装置

重要缺陷如下：

1）程序由于方式改变不能及时完善。

2）主机不能正常工作。

3）钥匙故障。

4）锁具故障，不能正常打开。

5）电气闭锁回路故障。

3. 计量表计

1）紧急缺陷的情况有：①电流回路开路，电压回路短路；②关口电能表计不走或误差明显。

2）重要缺陷的情况有：①非关口电能表故障；②盘表故障；③电能不平衡超过规定值，经查找核实后发现的电能表问题。

4. 二次保护

（1）紧急缺陷。

1）由于操作回路问题引起断路器不能操作。

2）继电保护出口中间断线或监视灯不亮。

3）保护装置的各段出口信号灯亮，无法复归。

4）保护控制熔断器熔断、熔断器放不上。

5）逆变装置失压或运行灯（OP）、电源灯（DC）灭（要求运行人员到现场，DC 灯灭时电源开关重开一次，OP 灯灭时，保护复归一次）。

6）装置异常不能正常、正确动作（根据说明书进行判断）。

7）重合闸投入但"CD"显示不为"1"。

8）辅助开关转换不正确，引起电压、电流、出口切换不正确（归一次缺陷，二次配合）。

9）控制回路断线，及控制回路引起的开关无法操作。

10）晶体管型的功率方向继电器正常运行时监视灯不亮或不对应地亮，感应型功率方向继电器接点通断情况不符合正常潮流情况。微机保护管理板无显示、自检装置故障报警。

11）微机保护自检装置异常信号（由运行方式变化引起的情况除外）。

12）与保护有关的线路 TV 二次回路失压（运行人员先检查相关空气断路器、熔断器和电压）。

13）直流接地。

14）高频保护收、发信电压异常（低于范围以外，要引起高频停用的）。

15）重合闸试验不动作。

16）保护装置告警。

17）切换断路器无法切到旁路。

18）TA 二次回路开路。

19）继电器动作异常。

20）保护信号灯不亮或不能复归。

21）保护装置采样异常。

（2）重要缺陷。

1）通信设备包括阻波器、耦合电容器、接合滤波器分频过滤器高频电缆有异常情况。

2）微机保护液晶显示错行、乱码或显示不清。

3）有人值班变电站控制信号灯熄灭或不正常（若因断路器辅助接点不对应引起的控制信号灯熄灭应列入紧急缺陷）。

4）故障录波器不能录波、频繁动作、不能打印、录波数据不全、故障判断错误。

（3）一般缺陷。

1）喇叭警铃试验不正常。

2）信号继电器不掉牌，光字牌不亮。

3）电压继电器接点抖动（如桥接点已抖下应作紧急缺陷）。

4）温度计指示不正常。

5）无人值班变电站开关红绿灯不亮，后台和监控站反映正确，无控制回路断线。

5. 站用电系统

（1）紧急缺陷。

1）低压自投系统无法自投。

2）低压断路器缺陷。

3）重要负荷电源小开关跳开，比如主变冷却器电源、直流系统交流电源、继保小室空调电源等。

4）低压系统小母线故障。

（2）一般缺陷。

1）低压馈电线路小开关跳开（非重要电源）。

2）馈线支路线路短路等故障。

第8章 变电设备异常、事故处理

本章主要介绍变电设备异常、事故、应急处置流程及相关要求；常见异常、事故的现象与运行处理原则。

8.1 变电站设备异常、事故处理流程

变电站设备异常、事故处理流程图如图8-1所示。各流程内容说明如下：

1. 现场发生事故或异常

监控后台发出事故或异常告警信息，监控人员向值长汇报：××变电站发生事故（或异常）。

2. 收集监控后信息

值长负责指导值内人员收集重要告警信息，包括发生事故（或异常）变电站开关变位情况、母线电压、线路潮流、主变负荷、重要告警信息等主要信息。

3. 做好记录、汇报，并指派人员到现场进行检查

（1）值长将收集到的重要信息分别向调度、领导汇报，并指派人员到现场进行详细检查。

1）值长向管辖调度汇报。××运维班××值长汇报：××时××分，××变电站发生事故（或异常），开关变位情况、母线电压、线路潮流、主变负荷、重要告警信息等主要信息，现已派人员到现场进行检查，详细情况待现场检查后再汇报。

2）值长向班组长、运维室生产调度汇报上述情况（若需非当值人员进行支援应提出）。

（2）值长向派出人员提醒注意事项和检查重点。

4. 现场检查与汇报

现场检查人员详细检查。根据重要告警信息有重点地检查开关跳闸及重合情况，保护及自动装置动作情况，打印故障录波报告，检查当地后台信号，做好记录并向调度、运维班汇报，由现场人员直接向调度汇报。运维班值长应对现场人员进行指导。

5. 按调度指令进行处理

现场人员按照调度指令进行处理。

6. 处理结束后汇报

现场检查人员处理结束后向运维班汇报，向领导汇报事故处理情况。

7. 做好相关记录和处理报告

（1）现场检查人员做好相关记录。

（2）值长根据处理过程写出分析处理报告。

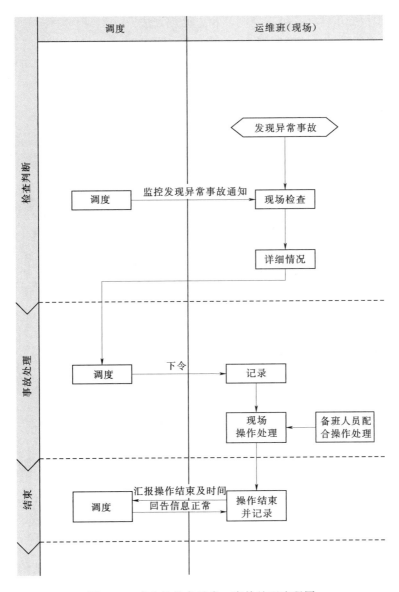

	调度	运维班（现场）

检查判断

发现异常事故

调度　　监控发现异常事故通知　　现场检查

详细情况

事故处理

调度　　下令　　记录

现场
操作处理　　备班人员配
合操作处理

结束

调度　　汇报操作结束及时间
回告信息正常　　操作结束
并记录

图 8-1　变电站设备异常、事故处理流程图

8.2　变电站设备异常处理

　　分析变电站设备的异常及处理，主要包括变压器、互感器、避雷器、断路器、隔离开关、电容器等主要变电站设备以及小电流接地系统单相接地常见异常的现象、分析与运行处理。

8.2.1　变压器常见异常处理

　　本小节主要介绍变压器一般常见异常。通过对常见异常现象的讲解，熟悉变压器声音异常、油位异常、温度异常、过负荷、冷却系统异常、轻瓦斯动作等常见异常现象，发现变压器异常，掌握变压器异常处理原则及相应处理方法。

8.2.1.1 变压器异常处理原则

（1）变压器有下列情况之一者应立即停运，若有备用变压器，应尽可能先将其投入运行。

1）变压器声响明显增大，很不正常，内部有爆裂声。

2）严重漏油或喷油，使泊面下降到低于油位计的指示限度。

3）套管有严重的破损和放电现象。

4）变压器冒烟着火。

5）当发生危及变压器安全的故障，而变压器的有关保护装置拒动时。

6）当变压器附近的设备着火、爆炸或发生其他情况，对变压器构成严重威胁时。

（2）变压器油温升高超过制造厂规定或顶层油温超过85℃（强油风冷）时，值班人员按以下步骤检查处理：

1）检查变压器的负载和冷却介质的温度，并与在同一负载和冷却介质温度下正常的温度核对。

2）核对温度测量装置。

3）检查变压器冷却装置或变压器室的通风情况。

（3）若温度升高的原因是由于冷却系统的故障，且在运行中无法修理，应将变压器停运修理，若不能立即停运修理，则值班人员应按规定调整变压器的负载至允许运行温度下的相应容量。

（4）在正常负载和冷却条件下，变压器温度不正常并不断上升，且经检查证明温度指示正确，则认为变压器已发生内部故障，应立即将变压器停运。

（5）变压器在各种超额定电流方式下运行，若顶层油温超过105℃，应立即降低负载。

（6）当发现变压器的油面较当时油温应有的油面显著降低时，应查明原因。

8.2.1.2 变压器声音异常、分析及处理

1. 变压器声音异常及现象

（1）变压器声响明显增大，内部有爆裂声。温度表指示明显升高，油位随温度升高而升高。

（2）变压器运行时发出的"嗡嗡"声有变化，声音时大时小，但无杂音，规律正常。变压器油位计、温度表指示正常。

（3）变压器运行时发出的"嗡嗡"声音变闷、变大。监控后台显示"变压器过负荷"。

（4）运行中变压器声音"尖""粗"而频率不同，规律的"嗡嗡"声中有"尖声""粗声"。监控后台显示"交流系统母线绝缘降低"。

（5）变压器内部有放电的"吱吱""噼啪"声。

（6）变压器有水的"咕嘟咕嘟"沸腾声，严重时会有巨大轰鸣声。同时油位计指示升高、温度表指示急剧升高。

（7）变压器内部有振动或部件松动的声音。变压器的油位表、温度计指示正常。

2. 变压器声音异常分析

（1）变压器声响明显增大，内部有爆裂声。可能是变压器的机身内部绝缘有击穿现象。

（2）变压器运行时发出的"嗡嗡"声有变化，声音时大时小，但无杂音，规律正常。这是有较大负荷变化造成的声音变化，无故障。

（3）变压器运行时发出的"嗡嗡"声音变闷、变大。这是由于变压器过负荷，铁芯磁通密度过大造成的声音变闷。

（4）运行中变压器声音"尖""粗"而频率不同，规律的"嗡嗡"声中有"尖声""粗声"。这是中性点不接地系统中发生单相金属性接地，系统中产生铁磁饱和过电压，使铁芯磁路发生畸变，造成振荡和声音不正常。

（5）变压器内部有放电的"吱吱""噼啪"声。可能是变压器内部有局部放电或接触不良。

（6）变压器有水的"咕嘟咕嘟"沸腾声，严重时会有巨大轰鸣声。可能是绕组匝间短路或分接开关接触不良而局部严重过热引起。

（7）变压器内部有振动或部件松动的声音。可能是变压器铁芯、夹件松动。

3. 变压器声音异常处理

（1）负荷变化造成的声音变化，变压器可以继续运行。

（2）大容量动力设备启动引起的声音异常，应减少大容量动力设备的启动次数。

（3）变压器过负荷引起的声音异常，按变压器过负荷处理。

（4）单相金属性过电压引起的声音异常。汇报调度，查找、处理接地故障。

（5）变压器内部有放电的"吱吱""噼啪"声。汇报调度，将变压器停运。

（6）变压器有水的"咕嘟咕嘟"沸腾声。汇报调度，立即将变压器停运。

（7）变压器声音大而嘈杂。应上报停电计划，尽快将变压器停运。

8.2.1.3　变压器油位异常、分析及处理

1. 变压器油位异常及现象

（1）油位降低。监控后台显示"变压器油位降低""轻瓦斯动作"，现场油位计指示严重降低或看不见油位，变压器漏油（或无漏油）。

（2）油位升高。监控后台显示"变压器油位升高""变压器过负荷"、温度计显示温度升高，现场油位计指示升高，变压器冷却效果不良。

2. 变压器油位异常分析

（1）油位降低。可能是变压器漏油，也可能是假油位。如果变压器在温度低时油位过低，没有渗漏油，可能是添油不足。

（2）油位异常升高。可能是假油位、冷却器投入不足或效果不良，也可能是变压器内部绕组、铁芯过热故障引起。怀疑是内部故障时，对变压器进行红外测温，检查变压器过热发生的部位，安排进行油色谱分析，进一步判断。

3. 变压器油位异常处理

（1）当油位降低时，应进行补油。补油时应汇报调度，将重瓦斯保护改信号。当变压器因漏油造成轻瓦斯动作时，应联系调度立即停电处理。

（2）当油位异常升高，综合判断为内部故障并根据试验结论判定故障有发展，应立即将变压器停运。如果油位过高是因为冷却器运行不正常引起，则应检查冷却器表面有无积灰，油管道上、下阀门是否打开，管道有否堵塞，风扇、潜油泵运转是否正常，根据情况采取措施提高冷却效果，并应放油，使油位降至与当时油温相对应的高度。放油前应先汇报调度，将重瓦斯保护改信号。当确认是假油位，需打开放气或放油阀时，也应先汇报调度，将重瓦斯保护改信号。

8.2.1.4 变压器温度异常、分析及处理

1. 变压器温度异常及现象

（1）监控后台显示"变压器温度升高"、变压器负荷正常，现场油位计指示升高，冷却器投入正常，冷却效果良好。

（2）监控后台显示"变压器温度升高""变压器过负荷"，现场油位计指示升高，冷却器投入不足，冷却效果不好。

2. 变压器温度异常分析

（1）自动启动风冷的定值设定错误或投入数量不足。负荷增加备用风冷未启动、达不到与负荷相对应的冷却器投入组数。

（2）变压器内部过热或放电异常。在正常负荷和冷却条件下，变压器油温不正常并不断上升，且经检查证明温度指示正确，则认为变压器内部异常。应检查变压器的气体继电器内是否积聚了可燃性气体，联系相关单位进行色谱分析判断。对变压器进行红外测温，确定引发温度异常重点部位。

（3）冷却效果不良。变压器室的通风不良、散热器有关蝶阀未开启、散热管堵塞或有脏污杂物附着在散热器上。

（4）冷却系统异常。部分冷却器异常停运、损坏或冷却器全停。

3. 变压器温度异常处理

（1）自动启动风冷的定值设定错误或投入数量不足。应手动投入冷却器并联系相关专业调整定值。

（2）变压器内部过热或放电异常。应联系调度，尽快将变压器停运。如色谱分析判断故障有发展，应立即联系调度将变压器停运。

（3）冷却效果不良。启动通风、联系相关专业进行水冲洗、开启阀门或停电处理管路堵塞。

（4）冷却系统异常。手动启动备用冷却器后通知相关专业处理；冷却器全停按照冷却器全停处理方案进行处理。

8.2.1.5 变压器过负荷异常、分析及处理

1. 变压器过负荷异常及现象

监控后台显示"变压器过负荷"、遥测温度升高、变压器负电流指示超额定电流。变压器发出沉重的"嗡嗡"声，变压器温度表指示升高、油位计指示升高。

2. 变压器过负荷异常分析

（1）由于负荷突然增加、运行方式改变。

（2）当一台变压器跳闸后，由于没有过负荷联切装置或备自投动作未联切负荷而造成

运行的变压器过负荷。

3. 变压器过负荷异常处理

（1）变压器的冷却系统在必要时应全部投入运行。

（2）在变压器过负荷时，应加强温度、油色谱及红外测温等的监视、检查和特巡，发现异常及时汇报调度。

（3）及时调整运行方式，调整负荷的分配，如有备用冷却器，应立即投入。

（4）变压器的过负荷倍数和持续时间要视变压器热特性参数、绝缘状况、冷却系统能力等因素来确定。变压器有严重缺陷、绝缘有弱点时，不允许过负荷运行。为了确保设备安全，一般变压器过负荷运行不应超过 1.3 倍 I_N，变压器过负荷超过允许规定时间应立即减负荷。变压器不允许长时间连续过负荷运行。

（5）若变压器过负荷运行引起油温高报警，在顶层油温超过 105℃ 时，应立即按照事先做好的预案或规定拉路降低负荷。

8.2.1.6 变压器冷却系统异常、分析及处理

1. 变压器冷却系统异常及现象

（1）监控后台发"变压器冷却器全停""变压器工作电源一故障""变压器工作电源二故障"，遥测变压器温度指示升高、负荷正常，站内交流 380V 母线电压为零。变压器冷却器全停、变压器温度表指示升高、油位计指示升高，变压器冷却器控制箱工作电源一、工作电源二电源灯熄灭，站内交流屏 380V 母线失电、电压表指示均为零。

（2）监控后台发"变压器冷却器全停""变压器工作电源二故障"，遥测变压器温度指示升高、负荷正常，站内交流 380V 母线电压正常。变压器冷却器全停、变压器温度表指示升高、油位计指示升高；变压器冷却器控制箱工作电源二低压开关跳开，变压器冷却器控制箱工作电源二电源灯熄灭。

（3）监控后台发"变压器备用冷却器投入"，遥测变压器温度、负荷正常，变压器温度表、油位计指示正常，原运行的冷却器停运，备用冷却器运行灯亮。

（4）监控后台发"变压器辅助冷却器投入"，某辅助冷却器运行灯亮。

（5）监控后台发"变压器工作电源二故障""变压器工作电源一投入"，遥测温度正常、变压器负荷正常、站内交流 380V 母线电压正常。现场检查变压器冷却器运行正常、变压器温度表指示正常；变压器冷却器控制箱工作电源二故障灯亮，电源灯熄灭，工作电源二低压开关跳开；站内交流屏 380V 电压表指示正常。

2. 变压器冷却系统异常分析

（1）冷却器全停。可能是运行的站用变失电，交流屏电源切换装置故障；变压器冷却器运行回路电缆、空气断路器、熔断器、把手损坏，冷却器控制箱内电源切换装置故障或备用电源处于故障状态；站用变全停。

（2）备用冷却器启动。可能是冷却器某组电机、潜油泵、二次回路异常或损坏，造成冷却器停运。

（3）备用冷却器启动后故障。可能是冷却器某组电机、潜油泵、二次回路异常或损坏，造成冷却器停运。备用冷却器投入后由于上述原因又停运。

（4）辅助冷却器启动。可能是变压器过负荷、外温高、冷却效果不良等原因造成温度

高达到启动定值，温度表接点接通，冷却器启动。

3. 变压器冷却系统异常处理

（1）变压器冷却器全停。变压器冷却器运行回路电缆、空气断路器、熔断器、把手损坏，冷却器控制箱内备用电源切换装置故障，应手动进行切换，如切换不了，将有关情况及时汇报调度，通知相关专业尽快处理；若变压器冷却器电源故障，则：

1）若两段电源都故障或冷却器全停时，允许运行20min，如20min后顶层油温未达到75℃，则允许上升到75℃，但在这种状态下运行的最长时间不得超过1h。

2）若冷却器电源故障是由站用电三相电压不正常引起，应设法调整电压，或投入备用所用变，退出原工作站用变。

3）检查冷却器Ⅰ段、Ⅱ段交流电源熔断器、交流空气开关是否完好。若Ⅰ段（或Ⅱ段）电源熔断器熔断，换上同容量熔断器，若再次熔断，则不准再调换，应检查站用屏到冷却器总控箱电缆是否存在短路现象。

4）若Ⅰ段、Ⅱ段熔断器均熔断，则应检查Ⅰ段、Ⅱ段接触器、到各组冷却器空气开关连接线是否存在短路故障。如果该连接线正常，也不排除因某只空气开关拒跳而不能隔离该空气开关冷却器分控箱电缆或分控箱内接线端子之间及油泵、风扇电机、电源线之间的短路故障。

5）检查Ⅰ段、Ⅱ段接触器上、下接头之间接触是否良好。

（2）备用冷却器启动。将故障冷却器把手切至停用位置，将备用冷却器把手切至运行位置，通知有关人员处理。如仍有备用冷却器，将其把手切至备用。

（3）备用冷却器启动后故障。如仍有备用冷却器，将其投入；如没有，应监视变压器温度、负荷、油位，汇报、通知有关专业尽快处理。

（4）辅助冷却器启动。将启动的辅助冷却器把手切至运行位置，如果是变压器过负荷，按过负荷异常处理，如果是冷却效果不良，汇报、通知有关专业立即处理。

8.2.1.7 变压器轻瓦斯动作异常、分析及处理

1. 变压器轻瓦斯动作异常及现象

（1）监控后台发"变压器轻瓦斯动作"，遥测温度指示正常、变压器负荷正常。气体继电器内有气体，变压器保护装置显示"轻瓦斯动作"；变压器温度表、油位计指示正常。

（2）监控后台发"变压器轻瓦斯动作""变压器油位降低"，遥测温度指示正常。气体继电器内无油，变压器保护装置显示"轻瓦斯动作"。

（3）监控后台发"变压器轻瓦斯动作"，遥测温度指示升高、变压器负荷正常。气体继电器内有气体，变压器保护装置显示"轻瓦斯动作"。

2. 变压器轻瓦斯动作异常分析

（1）因滤油、加油、换油或冷却系统不严密，空气进入变压器。

（2）检修、安装后空气未排净。

（3）二次回路故障造成。

（4）可能是漏油使油面降低到瓦斯继电器以下。

（5）可能由于内部严重过热、短路引发变压器油少量汽化使轻瓦斯动作。

3. 变压器轻瓦斯动作异常处理

（1）气体继电器内无气体，应是继电器等二次回路有异常，通知相关专业处理。

（2）气体继电器内有气体，应记录气体情况。取气方法如下：操作人员将乳胶管套在气体继电器的气嘴上，乳胶管另一头夹上弹簧夹，将注射器针头刺入乳胶管抽气，再重复一次，排净空气；之后继续抽出气体，最好能抽出 20～30mL 气体；此时，拔下针头，用胶布密封，不要让变压器油进入注射器的气体中。观察取出气体的颜色，交相关单位进行分析。

（3）若气体继电器内的气体为无色、无臭且不可燃，色谱分析判断为空气，则放气后变压器可继续运行。

（4）若信号动作是因剩余气体逸出或强油循环系统吸入空气而动作，而且信号动作间隔时间逐次缩短成跳闸时，应将重瓦斯保护改信号。

（5）漏油引起的动作应安排补油，补油前应汇报调度将重瓦斯保护改信号，并进行渗漏油处理，如带电无法处理，应申请将变压器停运。

（6）如果轻瓦斯动作发信后经分析已判为变压器内部存在故障，且发信间隔时间逐次缩短，则说明内部故障正在发展，汇报调度，立即将变压器停运。

8.2.1.8 变压器套管异常、分析及处理

1. 变压器套管异常及现象

（1）油位降低，看不见油位。

（2）变压器套管严重污秽。异常天气有"吱吱"放电声，发出蓝色、橘红色的电晕。

（3）接头接触电阻增大。监控后台发"变压器过负荷"、遥测温度升高，变压器套管接头温度异常升高，变压器温度计指示升高，变压器冷却系统正常。

（4）套管异音。套管部位有放电的"吱吱""噼啪"声。

2. 变压器套管异常分析

（1）油位降低，看不见油位。可能是套管裂纹、油标、接线端子、末屏等密封破坏，造成渗漏油，也可能是长时间取油样试验而没有及时补油。

（2）套管严重污秽。可能是环境恶劣，造成表面严重脏污或长时间未清扫。若电晕不断延长，说明外部污秽程度不断增强。

（3）接点过热。施工工艺不良，接触面紧固不到位，接触压力不够；材料质量不良，螺纹公差配合不合理，接触面不够；在负荷增大或过负荷时，可能会出现接点发红。

（4）套管异音。可能是套管末屏接地不良或套管发生表面污秽放电。

3. 变压器套管异常处理

（1）套管油位降低，看不见油位。油位在油标以下不再渗油，申请计划停电处理。绝缘子破裂，油位已经在储油柜以下，应立即联系调度停电处理。

（2）套管严重污秽。重新测试污秽等级，检查爬距是否已不满足所在地区的污秽等级要求，避免污闪事故的发生。如电晕现象比较严重，应汇报调度，尽快安排处理。如无明显放电现象，汇报调度，安排计划停电处理。

（3）接点过热。接点已经发红，应汇报调度，降低负荷，申请变压器立即停电处理。接点发热，汇报调度，降低负荷，根据测温异常性质，尽快安排停电处理。

（4）套管异音。末屏接地不良而放电。应汇报调度，立即将变压器停电处理。

8.2.2 互感器常见异常处理

通过对电压互感器、电流互感器一般异常处理，了解互感器声音异常、油位异常、二次开路、短路等常见异常的现象，掌握互感器异常并相应处理方法。

8.2.2.1 电压互感器异常处理原则

电压互感器发生异常情况可能发展成故障时，应按以下原则处理：

（1）不得用近控方法操作异常运行的电压互感器的高压隔离开关。

（2）不得将异常运行电压互感器的次级回路与正常运行电压互感器次级回路进行并列。

（3）异常运行的电压互感器高压隔离开关可以远控操作时，可用高压隔离开关进行隔离。

（4）母线电压互感器无法采用高压隔离开关进行隔离时，可用开关切断该所在母线的电源，然后隔离故障电压互感器。

（5）线路电压互感器无法采用高压隔离开关进行隔离时，直接用停役线路的方法隔离故障电压互感器。此时的线路停役操作应正确选择解环端。对于联络线，一般选择用对侧断路器进行线路解环操作。

8.2.2.2 互感器油位异常、分析及处理

1. 互感器油位异常及现象

（1）油位降低。从油位指示器中看不到油位。

（2）油位升高。油标已满，金属膨胀器异常膨胀变形。

2. 互感器油位异常分析

（1）油位降低。可能互感器胶圈老化、密封部件工艺不良、油箱有沙眼、长期取油样而未补油或瓷套裂纹造成互感器渗漏油。

（2）油位升高。油位异常升高，可能是内部放电性故障，造成油过热或产生气体而膨胀，严重时会使金属膨胀器异常膨胀变形。

3. 互感器油位异常处理

（1）油位降低。互感器漏油，应汇报调度，尽快安排计划停电处理；如漏油不断发展造成看不见油位，或电容式电压互感器漏油，应汇报调度，申请停电处理。

（2）油位升高。如油位升高未造成膨胀器变形，应立即汇报调度进行油色谱分析；如确定内部有故障，应立即汇报调度申请停电处理。如内部故障造成膨胀器变形，应汇报调度，申请停电处理。

8.2.2.3 互感器声音异常、分析及处理

1. 互感器声音异常及现象

（1）互感器内部有放电、振动声。

（2）互感器表面有严重裂纹，有放电"吱吱"声。

（3）互感器外绝缘污秽严重，气候恶劣时发出强烈的"吱吱"放电声和蓝色火花、橘红色的电晕。

2. 互感器声音异常分析

（1）互感器内部有放电、振动声。可能是铁芯或零件松动、过负荷、电场屏蔽不当、二次开路、接触不良或绝缘损坏放电，也可能末屏接地开路，造成末屏产生悬浮电位而放电。铁芯穿心螺杆松动，硅钢片松弛，随着铁芯里交变磁通的变化，硅钢片振动幅度增大而引起铁芯异音；严重过负荷或二次开路磁通急剧增加引起非正弦波，使硅钢片振动极不均匀，从而发出较大噪声。

（2）互感器表面有严重裂纹，可能是制造质量原因造成外绝缘损坏，绝缘降低放电，发出"吱吱"声。

（3）互感器外绝缘污秽严重，造成表面绝缘降低，气候恶劣时发出强烈的"吱吱"放电声和蓝色火花、橘红色的电晕。可能是未及时清扫、所在地区的污秽等级升高、瓷套爬距不满足要求，在天气潮湿时会产生放电声，并产生蓝色火花、橘红色的电晕。

3. 互感器声音异常处理

（1）互感器内部有振动声，如果是穿心螺杆松动，硅钢片松弛造成，应汇报调度，尽快安排停电处理。

（2）互感器表面出现严重裂纹，应汇报调度，立即安排停电处理。

（3）互感器外绝缘污秽严重，应汇报调度，尽快安排停电检修，清扫、涂防污涂料或更换。

8.2.2.4　互感器外绝缘异常、分析及处理

1. 互感器外绝缘异常及现象

（1）瓷套出现严重裂纹。

（2）瓷套破损。

2. 互感器外绝缘异常分析

瓷套出现严重裂纹、破损。可能是瓷套受到外力作用造成，也可能是由于瓷套质量不佳造成。由于裂纹处绝缘降低会引起放电，同时有漏油的危险。

3. 互感器外绝缘异常处理

（1）瓷套出现严重裂纹。应汇报调度，尽快安排停电处理。

（2）瓷套破损。应根据破损的程度和对瓷套强度影响的情况，汇报调度，安排计划停电或立即停电处理。

8.2.2.5　互感器过热异常、分析及处理

1. 互感器过热异常及现象

（1）互感器本体严重过热。

（2）引线端子有发热或发红。

2. 互感器过热异常分析

互感器本体或引线端子有发热或严重过热。可能是内、外接头松动，一次过负荷，二次开路，绝缘介损升高或绝缘损坏放电造成。

3. 互感器过热异常处理

（1）互感器本体严重过热。应汇报调度，降低负荷或立即安排停电处理。

（2）引线端子发热或发红。应汇报调度，尽快安排停电处理。

8.2.2.6　电压互感器高、低压熔断器熔断异常、分析及处理

1. 电压互感器高、低压熔断器熔断异常及现象

电压互感器高、低压熔断器单相、两相熔断时，相应母线相电压、线电压变化及信号见表 8-1。

表 8-1　　　　　　　　　　相应母线相电压、线电压变化及信号

故障相别	高压熔断器熔断		低压熔断器熔断	
	A 相熔断	A、B 两相熔断	A 相熔断	A、B 两相熔断
A 相	降低很多	电压很小，接近于 0	降低不多	降低
B 相	正常	电压很小，接近于 0	正常	降低
C 相	正常	正常	正常	正常
AB 相	降低	0	略降低	0
BC 相	正常	$50\%U_\varphi$	正常	略降低
CA 相	降低	$50\%U_\varphi$	略降低	略降低
信号	接地信号	接地信号	无接地信号	无接地信号

2. 电压互感器高、低压熔断器熔断异常分析

（1）电压互感器高压熔断器熔断。可能是雷电窜入熔断器回路；电压互感器本身发生故障；系统发生谐振使电压互感器电流增大；系统接地并伴随间歇过电压造成回路瞬间电流增大造成高压熔断器熔断。

（2）低压熔断器熔断（或二次开关跳开）。可能是异物、污秽、潮湿、小动物、误接线、误碰等原因造成回路中有瞬时或永久的短路故障，也可能是锈蚀或施工、验收不到位等造成接触不良。

3. 电压互感器高、低压熔断器熔断异常处理

（1）电压互感器高压熔断器熔断。

1）应取下低压熔断器（或拉开二次开关），拉开一次隔离开关，停用电压互感器，换上同型号的熔断器。若再次熔断，应汇报调度，将电压互感器停电进行检查处理。

2）如果二次电压需并列，则在二次并列前，一次必须先并列。

3）并列操作应根据实际情况进行，如采用先取后并的方式。

4）35kV 及以下中性点非直接接地系统发生单相接地或产生谐振时，严禁就地用隔离开关或高压熔断器拉、合电压互感器。

（2）电压互感器低压熔断器熔断。

1）退出互感器影响的可能会误动的低电压保护、距离保护、方向保护、备自投、低频减载保护。

2）电压互感器低压熔断器熔断（或二次开关跳开）时，应换上同型号的熔丝（或试合一次二次开关），若低压熔断器再次熔断（或二次开关再次跳闸）应检查二次回路是否有故障，在未查明原因和隔离故障点之前，不得将二次负载切换至另一台电压互感器。

8.2.2.7 电磁式电压互感器谐振异常、分析及处理

1. 电磁式互感器谐振异常及现象

监控后台发"母线接地"信号，三相电压无规律变化，如一相降低、两相升高或两相降低、一相升高或三相同时升高，互感器伴有异音产生。

2. 电磁式互感器谐振异常分析

变电站倒闸操作过程中，由于断路器断口电容器与电磁式电压互感器及空载母线构成的串联谐振回路，产生谐振过电压。

3. 电磁式互感器谐振异常处理

在进行投切空母线操作时，加强母线电压监视，发生铁磁谐振时，应采取措施破坏谐振条件，以达到消除谐振的目的，即立即合上带断口电容器的断路器，切除回路电容；或投入一条线路，破坏谐振条件；或立即断开充电的断路器，切断回路电源等。

8.2.2.8 电流互感器二次开路异常、分析及处理

1. 电流互感器二次开路异常及现象

监控后台发保护装置"电流回路断线""装置异常"等信号。开路处发生火花放电，电流互感器本体发出"嗡嗡"声，不平衡电流增大，相应的电流表、功率表、有功表、无功表指示降低或摆动，电能表转慢或不转。

2. 电流互感器二次开路异常分析

电流互感器二次开路。可能是互感器本身、分线箱、综合自动化屏内回路的接线端子接触不良，综合自动化装置内部异常，误接线、误拆线、误切回路连接片造成开路。

3. 电流互感器二次开路异常处理

（1）立即汇报调度及有关人员，必要时停用有关的保护，通知专业人员处理。

（2）当判断电流互感器二次出线端子处开路，如不能进行短接处理，应申请调度降低负荷或停电处理。短接后本体仍有不正常声响，说明内部开路，应申请停电处理。

（3）若二次开路引起着火，应先切断电源，然后作灭火处理。

8.2.3 避雷器常见异常处理

分析避雷器常见异常及处理方法，主要包括避雷器的异常现象、异常原因的分析和相应的处理方法等。

1. 避雷器异常及现象

（1）瓷套表面污秽严重。在潮湿条件下有明显放电的现象，逐渐发展为爬电。

（2）瓷套、法兰有裂纹。严重时绝缘基座出现贯穿性裂纹、密封结构金属件破裂。

（3）避雷器接地引下线严重腐蚀或与接地网完全脱开。

（4）避雷器正常情况下动作记录器连续动作。

（5）避雷器泄漏电流指示变小或为零。

（6）避雷器均压环歪斜。

（7）红外测温发现温度分布明显异常。

（8）连接螺丝松动、引流线即将脱落。

（9）引流线与避雷连接处严重放电。

（10）硅橡胶复合绝缘外套在潮湿条件下出现明显的爬电。

（11）避雷器内部有异常声响。

（12）避雷器泄漏电流表指示的泄漏电流进入红区或明显增大。跟踪检查发现泄漏电流继续增长。

2. 避雷器异常分析

（1）瓷套表面污秽严重。可能是没有及时清扫或所处地区出现新的污染源，造成污秽等级提高。

（2）瓷套、法兰有裂纹、绝缘基座出现贯穿性裂纹、密封结构金属件破裂。可能是制造质量不良或外力造成。

（3）避雷器接地引下线严重腐蚀或与接地网完全脱开。可能是接地线连接处焊接点开焊，螺栓接点等连接处接触不良，长时间未进行防腐处理，或螺丝紧固不牢。

（4）避雷器正常情况下动作记录器连续动作。可能是污秽较大，雨天泄漏电流大动作或损坏。

（5）避雷器泄漏电流指示变小或为零。可能是避雷器的绝缘支架进水等将泄漏电流表短接，如果晴天不能恢复，则泄漏电流表已损坏。

（6）避雷器均压环歪斜。可能施工质量造成均压环未水平安装或固定元件松动、损坏等引起均压环歪斜。

（7）红外测温发现温度分布明显异常。可能阀片老化、避雷器受潮、内部绝缘部件受损、表面严重污秽。

（8）连接螺丝松动、引流线即将脱落。可能施工质量、运行环境或避雷器动作。

（9）引流线与避雷器连接处严重放电。可能由于释放大电流电动力和日常运行环境恶劣等。

（10）硅橡胶复合绝缘外套在潮湿条件下出现明显的爬电。外绝缘憎水性及绝缘能力下降。

（11）避雷器内部有异常声响。可能制造质量不好、避雷器带缺陷运行。

（12）避雷器泄漏电流表指示的泄漏电流进入红区或明显增大。跟踪检查发现泄漏电流继续增长。可能内部受潮、阀片老化。

3. 避雷器异常处理

（1）瓷套表面污秽严重。汇报调度，尽快停电清扫或采取防污措施、更换。

（2）瓷套、法兰有裂纹，汇报调度，尽快安排更换。绝缘基座出现贯穿性裂纹、密封结构金属件破裂，汇报调度，立即停电更换。

（3）避雷器接地引下线严重腐蚀或与接地网完全脱开。汇报调度，联系相关专业在良好天气时进行合格、可靠的连接。

（4）避雷器正常情况下动作记录器连续动作。汇报调度，安排更换计数器、泄漏电流表。

（5）避雷器泄漏电流指示变小或为零。汇报调度，安排停电更换绝缘支架或更换泄漏电流表。

（6）避雷器均压环歪斜。视歪斜程度汇报调度计划停电或立即停电检修。

（7）红外测温发现温度分布明显异常。温度分布不均匀，汇报调度安排停电检查或更换避雷器；温度分布明显异常的，汇报调度立即停电更换避雷器。

（8）连接螺丝松动、引流线即将脱落。连接螺丝松动，汇报调度，安排计划停电检修；引流线即将脱落，汇报调度，立即停电检修。

（9）引流线与避雷器连接处严重放电。视放电程度汇报调度安排计划停电检修或立即停电检修。

（10）硅橡胶复合绝缘外套在潮湿条件下出现明显的爬电。汇报调度，立即停电检修。

（11）避雷器内部有异常声响。汇报汇报调度，立即停电检修。

（12）避雷器泄漏电流表指示的泄漏电流进入红区或明显增大。跟踪检查发现泄漏电流继续增长。当泄漏电流达到1.2倍正常值时，应加强监视，并汇报主管部门。当泄漏电流达到1.4倍正常值时，应立即汇报调度，并将其停用，等候修试人员处理。

8.2.4　断路器常见异常处理

通过对断路器一般常见异常处理，掌握断路器一般常见异常及处理方法。

8.2.4.1　断路器位置指示不正确异常、分析及处理

1. 断路器位置指示不正确异常及现象

（1）断路器位置指示灯不亮（监控后台断路器显示为红、绿色以外的其他颜色）。

（2）断路器位置指示红、绿灯全亮或闪光。

（3）监控后台断路器位置指示相反。

（4）机械位置指示不到位。

2. 断路器位置指示不正确异常分析

（1）断路器位置指示灯不亮（监控后台断路器显示为红、绿色以外的其他颜色）。原因可能为：

1）指示灯灯泡烧毁。

2）如有"控制回路断线"信号，则是控制回路无电源或断线，红灯不亮是跳闸回路故障，绿灯不亮是合闸回路故障，如控制电源开关跳开（控制熔断器熔断或接触不良）、控制回路接点接触不良、断路器辅助接点转换不到位、继电器线圈断线等。

3）断路器 SF_6 压力过低或操作机构储能不足被闭锁。此时会发"操作机构未储能"或"闭锁"信号。

4）监控后台断路器位置指示消失原因有测控装置故障或失电、测控通道故障、断路器检修时投入"置检修状态"压板。

（2）断路器位置指示红、绿灯全亮或闪光。原因为回路中有接地点，或分、合闸回路之间绝缘损坏（接线错误），或有连接异常的地方。

（3）监控后台断路器位置指示相反。一般为新投断路器或监控系统检修后将断路器分、合闸状态位置接反。

（4）机械位置指示不到位。一般为断路器机械位置指示器内部脱扣或位移。

3. 断路器位置指示不正确异常处理

（1）断路器位置指示灯不亮（监控后台断路器显示为红、绿色以外的其他颜色）。如

无其他信号，汇报调度，通知检修人员更换灯泡；如有"控制回路断线"信号，则参照"断路器控制回路断线异常"进行处理；如有"闭锁"信号，则参照"断路器闭锁异常"进行处理。

（2）断路器位置指示红、绿灯全亮或闪光。检查直流有无接地，有接地应立即检查处理；无直流接地或接地点不能自行处理的应汇报调度，通知检修人员处理。

（3）监控后台断路器位置指示相反。汇报调度，报缺陷通知检修人员处理。

（4）机械位置指示不到位。汇报调度，停电处理。停电操作时，应通过遥测、遥信等提示，确认断路器在断开位置。

8.2.4.2 断路器控制回路断线异常、分析及处理

1. 断路器控制回路断线异常及现象

故障断路器红、绿指示灯熄灭或指示异常、监控后台发"控制回路断线""压力降低分闸闭锁""压力降低合闸闭锁""装置异常"等信号。

2. 断路器控制回路断线异常分析

（1）弹簧机构的弹簧未储、储能未满，或液压、气动机构的压力降低至闭锁值及以下。

（2）分、合闸回路接线端子松动、断线等。

（3）分闸或合闸线圈断线。

（4）断路器动合或动断辅助接点接触不良。

（5）分、合闸位置继电器或防跳继电器线圈烧断。

（6）控制电源开关跳开（控制电源熔断器熔断或接触不良）。

3. 断路器控制回路断线异常处理

断路器发出控制回路断线信号后，运行人员应先进行检查，判断原因，按异常的不同原因进行处理：

（1）检查控制电源开关是否跳开（控制电源熔断器是否熔断）或接触不良，如试合控制电源开关（更换控制电源熔断器）后再次跳开（或熔断），不得再投。

（2）断路器控制回路断线异常不停电能处理的，由检修人员进行处理。

（3）断路器控制回路断线异常需停电进行处理的，汇报调度，根据调度命令旁路断路器代替线路断路器或采取相应措施停电后，由检修人员处理。

8.2.4.3 断路器拒绝合闸异常、分析及处理

1. 断路器拒绝合闸异常及现象

（1）监控后台显示操作闭锁未开放。

（2）合闸操作前红、绿指示灯均不亮。

（3）操作合闸后红灯不亮，绿灯闪光，断路器未合上。

（4）操作合闸后红、绿灯均不亮且断路器无电流指示，机械指示分闸或合闸。

（5）合闸后断路器位置指示红灯亮，但断路器无电流指示。

2. 断路器拒绝合闸异常分析

（1）监控后台显示操作闭锁未开放。原因可能为：

1）监控系统闭锁未解除，如选择断路器错误，"五防"拒绝操作；监控系统与"五

防"系统信号传输故障等。

2）监控系统遥控超时。

3）监控系统通道故障。

4）测控装置故障。

5）断路器近远控切换把手在"就地"位置。

（2）合闸操作前红、绿指示灯均不亮。说明有控制回路断线现象、无控制电源或断路器被闭锁。

（3）操作合闸后红灯不亮，绿灯闪光，断路器未合上。常见原因有：

1）合闸回路熔断器熔断或接触不良。

2）合闸接触器未动作。

3）合闸线圈故障。

4）合闸电压过低。

5）直流系统两点接地造成合闸线圈短路。

6）断路器机械故障，如合闸铁芯卡滞、合闸支架与滚轴故障。

7）采用控制把手操作时，合闸时间过短。

（4）操作合闸后红、绿灯均不亮且断路器无电流指示，机械指示分闸或合闸。可能控制回路断线或触头卡在中间位置。

（5）合闸后断路器位置指示红灯亮，但断路器无电流指示。可能传动轴杆或销子脱出造成断路器触头未合上。

3. 断路器拒绝合闸异常处理

（1）检查监控后台是否有断路器"控制回路断线"或"闭锁"信号，如有上述信号，应暂停操作，待处理恢复后再进行操作。如果有旁路母线的，可以用旁路断路器送电，无法用旁路断路器代替的，将断路器停电，等待检修人员处理。

（2）检查监控后台"五防"闭锁是否开放，如未开放可以进行以下检查处理：

1）检查操作是否正确，是否符合"五防"逻辑。

2）检查"五防"钥匙传输是否正常。

3）检查监控系统与"五防"系统连接是否正常。

4）检查"五防"程序运行是否正常，如不正常可重启"五防"系统。

（3）如果后台显示遥控超时，可重发一次遥控指令，如遥控仍不成功，进行以下检查：

1）检查测控装置、断路器机构箱检查近远控切换开关是否在"远方"位置。

2）如仍不能遥控，可考虑到测控装置上手动操作，上报缺陷由检修人员处理遥控超时的故障。

（4）检查监控通道或测控装置是否正常，如有异常报检修人员处理。

（5）检查断路器操动机构有无异常，如有，按"操动机构异常处理"的方法进行处理。

（6）检查直流母线电压是否过低，如过低可调节蓄电池组端电压或充电机整定值，使电压达到规定值。

（7）经以上检查仍不能查明断路器拒绝合闸原因时，应按照危急缺陷汇报调度，用旁路断路器代替或停电，由检修人员处理。

8.2.4.4 断路器拒绝分闸异常、分析及处理

1.断路器拒绝分闸异常及现象

（1）监控后台显示操作闭锁未开放。

（2）分闸操作前红、绿指示灯均不亮。

（3）分闸操作后绿灯不亮，红灯闪光，断路器未断开。

2.断路器拒绝分闸异常分析

（1）监控后台显示操作闭锁未开放。原因同拒绝合闸。

（2）合闸操作前红、绿指示灯均不亮。说明有控制回路断线现象、无控制电源或断路器被闭锁。

（3）分闸操作后绿灯不亮，红灯闪光，断路器未断开。常见原因有：

1）分闸线圈短路。

2）分闸电压过低。

3）跳闸铁芯卡涩或脱落、动作冲击力不足。

4）分闸弹簧失灵，气动机构大量漏气等。

5）触头发生熔焊或机械卡涩，传动部分故障，如销子脱落、绝缘拉杆断裂等。

6）三连板三点过低，部件变形。

3.断路器拒绝分闸异常处理

（1）检查监控后台是否有断路器"控制回路断线"或"闭锁"信号，如有上述信号，应暂停操作，待处理恢复后再进行操作。如果有旁路母线的，可以用旁路断路器送电，无法用旁路断路器替代的，将断路器停电，等待检修人员处理。

（2）检查监控后台"五防"闭锁是否开放，如未开放可以进行以下检查处理：

1）检查操作是否正确，是否符合"五防"逻辑。

2）检查"五防"钥匙传输是否正常。

3）检查监控系统与"五防"系统连接是否正常。

4）检查"五防"程序运行是否正常，如不正常可重启"五防"系统。

（3）如果后台显示遥控超时，可重发一次遥控指令，如遥控仍不成功，进行以下检查：

1）检查测控装置、断路器机构箱检查近远控切换开关是否在"远方"位置。

2）如仍不能遥控，可考虑到测控装置上手动操作，上报缺陷由检修人员处理遥控超时的故障。

（4）检查监控通道或测控装置是否正常，如有异常报检修人员处理。

（5）检查断路器操动机构有无异常，如有，按"操动机构异常处理"的方法进行处理。

（6）仍不能分闸的，应按照危急缺陷汇报调度，用旁路断路器替代或用上一级电源断路器断开，隔离故障断路器后，由检修人员处理。

8.2.4.5 断路器本体或接头异常、分析及处理

1.断路器本体或接头异常及现象

（1）断路器运行中通过红外测温发现本体或接头过热，严重时看到本体外部颜色异

常，闻到焦臭味。

（2）断路器瓷质部分裂纹或破损、放电。

2. 断路器本体或接头异常分析

（1）断路器本体或接头过热。原因有：

1）过负荷。

2）触头接触不良，接触电阻超过规定值。

3）导电杆与设备接线夹连接松动。

4）导电回路内各电流过渡部件、紧固件松动或氧化。

（2）断路器瓷质部分裂纹或破损、放电。由于断路器在运行中环境污染、恶劣气候、外力破坏或过电压等作用导致。

3. 断路器本体或接头异常处理

（1）断路器本体过热应立即汇报调度，停电处理。如果接头过热，应根据环境温度和负荷情况确定缺陷等级，报缺陷处理，停电前可汇报调度先通过减负荷或倒负荷的方式减小断路器负荷电流，降低发热程度。

（2）断路器瓷质部分裂纹或破损、放电。根据异常严重程度汇报调度立即停电处理或计划停电处理。

8.2.4.6 断路器灭弧介质异常、分析及处理

1. 断路器灭弧介质异常及现象

（1）SF_6 断路器气压异常。监控后台发"断路器 SF_6 压力低"或"闭锁"信号。

（2）真空断路器灭弧室真空度降低，断开断路器时发出橘红色的光。

2. 断路器灭弧介质异常分析

（1）SF_6 断路器气压异常。原因有：

1）SF_6 漏气，如瓷套与法兰胶合处胶合不良；瓷套的胶垫连接处胶垫老化或位置未放正；滑动密封处密封圈损伤，或滑动杆光洁度不够；管接头处及自动封阀处固定不紧或有杂物；压力表接头处密封垫损伤等造成漏气。

2）SF_6 密度继电器失灵。

3）表计指示有误。

（2）真空断路器灭弧室真空度降低。原因有：

1）使用材料气密情况不良。

2）金属波纹管密封质量不良。

3）超程过大，受冲击力太大，或调试过程中，行程超过波纹管的范围。

3. 断路器灭弧介质异常处理

（1）SF_6 断路器气压异常。应检查气压表指示，将表计读数与 SF_6 压力温度曲线比较，以确定是否有误。

1）若压力降低，没有明显漏气现象，应汇报调度，通知检修人员进行带电补气，补气后继续监视气压。

2）若有漏气现象（有刺激性气体或"嘶嘶"声），应立即远离故障断路器，汇报调度，转移负荷或改变运行方式，将故障断路器停电处理（应确证 SF_6 气体可以灭弧）。

3）若发出"SF$_6$气体压力闭锁"信号，断路器跳、合闸回路已经被闭锁，立即汇报调度，断开故障断路器的控制电源，用旁路断路器替代或用上一级电源断路器断开，隔离故障断路器后，由检修人员处理。

（2）真空断路器灭弧室真空度降低。严禁对断路器进行操作，应立即汇报调度，断开故障断路器的控制电源，用旁路断路器替代或用上一级电源断路器断开，隔离故障断路器后，由检修人员处理。

8.2.4.7 断路器操动机构异常、分析及处理

1. 断路器操动机构异常及现象

（1）弹簧机构弹簧未储能。弹簧储能异常，发出"弹簧未储能"信号，现场检查弹簧未储能机械指示。

（2）电磁机构分、合闸线圈烧毁。分、合闸操作后，断路器未分闸或合闸，位置指示灯熄灭，断路器附近有焦糊味。

2. 断路器操动机构异常分析

（1）弹簧机构弹簧未储能。原因有：

1）储能电动机电源回路不通，触点接触不良，断线或熔断器熔断。

2）电动机本身故障。

3）弹簧裂纹或断裂。

4）弹簧调整拉力过大。

（2）电磁机构分、合闸线圈烧毁。原因有：

1）合闸线圈烧毁。原因为：①合闸接触器本身卡涩或触点粘连；②操作把手的合闸触点断不开；③防跳跃闭锁继电器失灵；④重合闸装置辅助触点粘连；⑤断路器辅助触点打不开。

2）跳闸线圈烧毁。原因为：①跳闸线圈内部匝间短路；②跳闸铁芯卡滞，造成跳闸线圈长时间带电；③断路器跳闸后，辅助触点打不开，使跳闸线圈长时间带电。

3. 断路器操动机构异常处理

（1）弹簧机构弹簧未储能。

1）首先检查电源回路熔断器是否熔断或小开关跳闸。

2）若电源电路熔断器未熔断或小开关未跳闸，再检查电机是否存在明显故障，若无故障且弹簧已储能，则是二次回路误发信号。

3）若电源回路熔断器熔断或小开关跳闸，应更换熔断器或试合小开关，若再次熔断或跳闸，不应再次投入。

4）检查电机接触器是否有断线、烧坏或卡滞现象，热继电器是否动作未复归。

5）若电机有故障、弹簧锁住机构有故障或弹簧故障，汇报调度，停用断路器的重合闸，通过倒闸操作将断路器退出运行。

（2）电磁机构分、合闸线圈烧毁。分、合闸线圈烧毁，应汇报调度，将断路器停电检修。

8.2.5 隔离开关常见异常处理

通过对隔离开关一般常见异常处理，掌握隔离开关一般常见异常及处理方法。

8.2.5.1 隔离开关操作拒动异常、分析及处理

1. 隔离开关操作拒动、卡滞异常及现象

（1）隔离开关操作时拒动。

（2）开关手车操作时推不到位或拉不出来。

（3）隔离开关操作时动、静触头有抵触。

2. 隔离开关操作拒动、卡滞异常分析

（1）隔离开关操作时拒动。原因可能为：

1）操作步骤不符合"五防"逻辑造成隔离开关机械或电气闭锁。

2）电动机构电机电源未合上或跳开。

3）电动机构电机电源中断或缺相。

4）电动机构电动操作被闭锁。

5）电动机构电动机故障。

6）操动机构、传动机构故障。

（2）开关手车操作时推不到位或拉不出来。可能开关手车轨道变形，动、静触头不在一个水平面或者闭锁钩抬不起来造成开关手车推不到位；触头过热熔焊、闭锁钩打不开造成开关手车拉不出来。

（3）隔离开关操作时动、静触头有抵触。可能隔离开关调试时不到位或长期使用发生位移造成。

3. 隔离开关操作拒动、卡滞异常处理

（1）隔离开关操作时拒动。应进行以下检查处理：

1）检查操作步骤是否正确，是否由于操作步骤不符合"五防"逻辑造成隔离开关机械或电气闭锁。

2）隔离开关电动操作拒动时，应进行以下检查处理：

a）检查电机电源开关是否合上，如合不上应报检修人员处理。

b）检查电机电源是否中断或缺相，如电源不正常，应查明原因处理。

c）电动操作闭锁是否动作，如隔离开关机构箱手动操作侧的箱门打开时可能闭锁电动操作。查明原因如不能处理的报检修人员处理。

d）如电机电源正常，并且回路中无闭锁，则是电机故障，报缺陷处理。

e）电动操作失灵时，可断开电机电源，改为手动操作后再检查处理电动操作失灵的原因。

（2）检查操动机构是否正常、传动机构及各部件有无明显卡阻现象。若操动机构有问题，应进行处理，恢复正常后再进行操作。

（3）检查传动机构部件有无脱落、断开，方向接头等部件是否变形、断损。如传动部件故障，应汇报调度，停电处理。

（4）隔离开关操作，动、静触头时有抵触，不应强行操作，避免造成支持绝缘子破坏而造成事故，应停电处理。

8.2.5.2 隔离开关接触部位发热异常、分析及处理

1. 隔离开关接触部位发热异常及现象

隔离开关接触部位在运行中发热，红外测温跟踪发现温度持续升高。

2. 隔离开关接触部位发热异常分析

（1）负荷过大。

（2）触头氧化接触不良。

（3）操作时没有完全合好。

3. 隔离开关接触部位发热异常处理

（1）若接头轻微过热，应加强监视，在高峰负荷时用红外测温装置等监测温度，严密监视接头过热是否在发展。

（2）若接头严重过热，应立即汇报调度，降低负荷或停电处理。若接头已发红变形，负荷不能马上转移的，应立即停电处理。停运方式为：

1）负荷侧隔离开关可将线路改检修。

2）母线侧隔离开关将断路器改冷备用并将母线改检修。

3）变压器侧隔离开关将断路器及变压器改检修。

（3）隔离开关触头过热，若发现隔离开关合不到位，可用绝缘棒将隔离开关的三相顶到位，事后加强监视，防止继续发热，室内隔离开关还应加强通风及降温措施。

8.2.5.3 隔离开关三相不同期或不到位异常、分析及处理

1. 隔离开关三相不同期或不到位异常及现象

隔离开关在分、合闸操作时发生三相不同期或不到位。

2. 隔离开关三相不同期或不到位异常分析

隔离开关在分、合闸操作时发生三相不同期或不到位。主要是调整不到位或长期运行使用发生位移造成的。

3. 隔离开关三相不同期或不到位异常处理

（1）三相不同期或三相不能完全分、合到位，应再操作一次。

（2）重复操作后，隔离开关仍存在上述情况，如需紧急送电的，可使用绝缘棒将隔离开关的三相触头顶到位，等下次计划停电时再处理缺陷。

（3）如缺陷需立即处理的，汇报调度，停电处理。

8.2.5.4 隔离开关支持绝缘子异常、分析及处理

1. 隔离开关支持绝缘子异常及现象

隔离开关支持绝缘子破损、断裂、闪络放电。

2. 隔离开关支持绝缘子异常分析

隔离开关支持绝缘子破损、断裂、闪络放电。主要是在运行中环境污染、恶劣气候、外力破坏等作用造成的。

3. 隔离开关三相不同期或不到位异常处理

隔离开关支持绝缘子破损、断裂、闪络放电，应立即汇报调度及上级主管部门，尽快停电处理，在处理前应加强监视。

（1）隔离开关支持绝缘子有裂纹的，应禁止操作，母线隔离开关应尽可能采取母线与间隔同时停电的处理方法。

（2）绝缘子裙边有轻微外伤或破损，可停电后修补涂 RTV（室温硫化型硅橡胶）；外伤或破损严重的应立即停电更换。

8.2.6 电容器常见异常处理

通过对电容器一般常见异常处理，掌握电容器一般常见异常及处理方法。

1. 电容器常见异常及现象

(1) 渗、漏油。电容器在运行中外壳或下部有油渍。

(2) 外壳膨胀变形。运行中电容器外壳发生鼓肚等变形现象。

(3) 单台电容器熔断器熔断。单台电容器熔断器熔断，电容器三相电流不平衡。

(4) 温升过高，接头过热或熔化。

(5) 声音异常。运行中电容器发出异声。

(6) 过电流运行。

(7) 过电压运行。

(8) 套管破裂或放电，绝缘子表面闪络。

(9) 三相电流不平衡。

2. 电容器常见异常分析

(1) 渗、漏油。造成电容器渗、漏油的原因有：

1) 法兰或焊接处损伤，使法兰焊接处出现裂缝。

2) 接线时螺丝拧过紧、瓷套焊接出现损伤。

3) 产品设计缺陷。

4) 温度急剧变化，由于热胀冷缩使外壳开裂。

5) 长期运行使漆层脱落，外壳严重锈蚀。

6) 设计不合理，如使用硬排连接，拉断电容器套管。

(2) 外壳膨胀变形。运行中电容器外壳发生鼓肚等变形现象的原因有：

1) 介质内产生局部放电，使介质分解而析出气体。

2) 部分元件击穿或极对外壳击穿，使介质析出气体。

3) 运行电压过高或拉开断路器时重燃引起的操作过电压作用。

4) 运行温度过高，内部介质膨胀过大。

(3) 单台电容器熔断器熔断。原因主要有：

1) 过电流。

2) 电容器内部短路。

3) 外壳绝缘故障。

(4) 温升过高，接头过热或熔化。造成电容器组温度过高的原因有：

1) 电容器组冷却条件变差，如室内通风不良、环境温度过高，电容器布置过密等。

2) 系统中的高次谐波电流影响。

3) 频繁切合电容器，使电容器反复承受过电压的作用。

4) 电容器内部元件故障，介质老化、介质损耗增大。

5) 电容器组过电压或过电流运行。

(5) 声音异常。运行中电容器发出异声的原因有：

1) 内部故障击穿放电。

2）外绝缘放电闪络。

3）固定螺钉或支架等松动。

（6）过电流运行。造成电容器过电流的原因有：

1）过电压。

2）高次谐波影响。

3）运行中的电容器容量发生变化，容量增大。

（7）过电压运行。电容器运行电压过高的主要原因有：

1）电网电压过高。

2）电容器未根据无功负荷的变化及时退出，造成补偿容量过大。

3）系统中发生谐振过电压。

（8）套管破裂或放电，绝缘子表面闪络。电容器套管表面脏污或环境污染，遇到恶劣天气和过电压时，可能产生表面闪络。

（9）三相电流不平衡。电容器在运行中容量发生变化或某一相有单只电容器熔断器熔断，造成三相容量不平衡，会引起电容器三相电流不平衡。

3. 电容器常见异常处理

（1）电容器发生以下异常情况之一应立即退出运行：

1）电容器发生爆炸。

2）触头严重发热或电容器外壳示温蜡片熔化。

3）电容器外壳温度超过55℃或室温超过40℃，采取降温措施无效时。

4）电容器套管发生破裂并有闪络放电。

5）电容器严重喷油或起火。

6）电容器外壳明显膨胀或有油质流出。

7）三相电流不平衡超过5％以上。

8）由于内部放电或外部放电造成声音异常。

（2）电容器有以下异常现象应采取措施尽快停电处理：

1）电容器渗油，如渗油不严重，可上报缺陷，加强监视；若严重渗油，立即汇报调度停电处理。

2）电容器温度过高。视温度情况处理，对电容器严密跟踪测温，若温度持续上升，应停电处理；如果是电容器本身的问题或触点温度过高则应停电处理。

3）外部固定螺钉或支架松动等外部原因造成声音异常。

4）电容器单台熔断器熔断处理：

a）将电容器改检修，将熔断器熔断的电容器及其邻近上下电容器两端用接地线接地侧短接，使其充分放电，更换同型号熔断器。

b）在整个更换熔断器过程中，必须有安全监护人在场，对人员可能触电的单只电容器必须重新单只放电。

c）若熔断器投入后继续熔断，应退出该组电容器。

5）发现电容器三相不平衡度不超过5％时，应立即检查系统电压是否平衡、电容器熔断器是否熔断，再汇报调度或检修单位处理，如没有上述现象，可能是电容器容量发生变化，应立即汇报调度，将电容器停电报检修单位处理。

6）母线电压超过电容器额定电压，当过电压倍数不大于 1.05 倍时，可持续运行；不大于 1.10 倍时，每 24h 可持续运行 8h；不大于 1.15 倍时，每 24h 可持续运行 30min；不大于 1.20 倍时，每 24h 可持续运行 5min；不大于 1.30 倍时，每 24h 可持续运行 1min。

7）电容器运行电流超过额定电流，但不到 1.3 倍。

8.2.7　小电流接地系统单相接地异常处理

通过对小电流接地系统单相接地异常处理，掌握小电流接地系统单相接地异常及处理方法。

1. 小电流接地系统单相接地异常现象

小电流接地系统单相接地时，发出母线接地信号，当故障点为高电阻接地时，接地相电压降低，其他两相对地电压高于相电压；如为金属性接地，则接地相电压降低为零，其他两相对地电压升高为线电压。

2. 小电流接地系统单相接地异常分析

小电流接地系统单相接地的原因主要有：

（1）设备绝缘不良，如老化、受潮、绝缘子破裂、表面脏污等，发生击穿接地。

（2）小动物、鸟类及其他外力破坏。

（3）线路断线后导线触碰金属支架或地面。

（4）恶劣天气影响，如雷雨、大风等。

3. 小电流接地系统单相接地异常处理

小电流系统发生单相接地时，由于线电压的大小及相位不变，而系统的绝缘又是按照线电压设计的，所以不需要立即切除故障，仍可继续运行一段时间，但一般不宜超过 2h。

（1）单相接地处理时注意事项。

1）发现设备接地后，应立即汇报调度，查找出接地点并迅速隔离。

2）查找接地故障时应穿绝缘靴，接触设备的外壳和构架时应戴绝缘手套。

3）站内发生接地异常，检查处理过程中不要在避雷器、电压互感器、消弧线圈设备处停留，防止这些设备因接地过电压发生爆炸、喷油。

4）站内发生接地时，在隔离故障点消除接地前，应加强对站内设备运行状态的监视，尤其是发生接地的母线、避雷器和电压互感器等承受过电压运行的设备。

（2）拉路法查找处理单相接地。

1）有接地选线装置报出接地线路的，优先断开该线路断路器。

2）母线通过母分断路器并列运行的，使母线分列运行，对仍有接地信号的一段母线进行查找处理。

3）依次短时断开故障所在母线上的线路断路器，如果断开某线路断路器后接地信号消失，电压恢复正常，则可证明该线路上有接地故障。如果确认不是接地线路，应立即将线路断路器合闸送电。一般拉路顺序为：①充电备用线路；②双回路用户分别停；③线路长、分支多、负荷小、不太重要用户的线路，或发生故障几率高的线路；④分支少、线路短、负荷较大、较重要用户的线路。

4) 拉路查找仍不能查出接地线路时，原因可能是两条或以上线路同时同相接地、站内母线设备接地、变压器低压套管接地。查找处理方法为：

a) 先将故障母线上所有线路断路器拉开，然后逐条线路试送电，如某条线路送电后发出接地信号，说明该线路接地，将接地线路断路器断开后继续试送其他线路，直到母线上所有线路全部恢复运行，即可查出所有接地线路。

b) 如果经查不是多条线路同相接地，则可合上母分断路器，拉开故障母线上主变断路器，如接地现象消失，说明变压器低压侧接地；如果接地现象扩大到另外一段母线上，说明母线设备接地。

（3）将单相接地故障点隔离。查找到接地故障点后，应汇报调度，根据调度指令，通过倒闸操作将接地点隔离。

8.3 变电站设备事故处理

8.3.1 事故处理的一般原则

（1）尽速限制事故的发展，消除事故根源，解除对人身和设备的威胁，防止稳定破坏、电网瓦解和大面积停电。

（2）用一切可能的方法保持设备继续运行和不中断或少中断重要用户的正常供电，首先应保证发电厂厂用电及变电站所用电。

（3）尽速对已停电的用户恢复供电，对重要用户应优先恢复供电。

（4）及时调整电网运行方式，并使其恢复正常运行。

为了防止事故扩大，凡符合下列情况的操作，可由现场自行处理并迅速向值班调度员作简要报告，事后再作详细汇报：

1) 将直接对人员生命安全有威胁的设备停电。

2) 在确知无来电可能的情况下将已损坏的设备隔离。

3) 运行中设备受损伤已对电网安全构成威胁时，根据现场事故处理规程的规定将其停用或隔离。

4) 其他在调度规程或现场规程中规定，可不待值班调度员指令自行处理的操作。

8.3.2 事故处理的一般过程

1. 无人值守变电站

（1）一次设备发生故障，调控中心应立即向相关调度汇报并通知相关运维班到变电站现场进行检查。

（2）运维人员可通过监控系统检查保护信号及断路器跳闸情况，初步掌握故障性质、具备条件的，可通过视频监控系统进行设备远程巡视检查现场情况。如果现场有人作业，应即时通知工作负责人收回工作票，作业人员撤离现场。

（3）对于主变、母线等重大故障，值班骨干或值长向班长及上级领导逐级汇报。

（4）到达变电站现场后，向调控中心简单汇报现场监控后台信号及断路器跳闸等相关情况。

（5）变电站现场通过对一次、二次设备的检查，向相关调控中心汇报现场检查情况，汇报内容包括：①现场天气情况；②一次设备现场检查情况；③现场是否有人工作；④站内相关设备有无越限或过载；⑤站用电安全是否受到威胁；⑥二次设备的动作、复归详细情况（故障滤波器是否动作，故障相位，如果是线路故障，需汇报故障测距等）。对于强送不成的，仍必须按相关流程汇报。

（6）故障处理告一段落时，将故障详细情况向班长及上级领导逐级汇报。

（7）现场变电运维人员应做好故障处理的操作准备，在接到调控中心操作命令后立即进行操作。

2. 有人值守变电站

（1）向调控中心简单汇报现场监控后台信号及断路器跳闸等相关情况。

（2）如果现场有人工作的，通知工作负责人收回工作票，作业人员撤离现场。

（3）对于主变、母线等重大故障，值班骨干或值长向班长及上级领导逐级汇报。

（4）变电站现场通过对一次、二次设备的检查，向相关调控中心汇报现场检查情况，汇报内容包括：①现场天气情况；②一次设备现场检查情况；③现场是否有人工作；④站内相关设备有无越限或过载；⑤站用电安全是否受到威胁；⑥二次设备的动作、复归详细情况（故障滤波器是否动作，故障相位，如果是线路故障，需汇报故障测距等）。对于强送不成的，仍必须按相关流程汇报。

（5）故障处理告一段落时，将故障详细情况向班长及上级领导逐级汇报。

（6）现场变电运维人员应做好故障处理的操作准备，在接到调控中心操作命令后立即进行操作。

8.3.3 事故处理过程中相关岗位职责

1. 班长

负责向上级有关单位领导汇报事故相关情况，对于重大事故处理应亲自组织、指挥、参与。

2. 值班骨干

负责向班长汇报事故相关情况，对现场事故处理进行安全监督和技术指导。

3. 值长

值长是事故处理的负责人，当所辖变电站发生事故时，迅速做出正确的分析、判断，及时向有关调度、监控中心汇报并安排人员按有关规定要求进行处理。

4. 正值

在值长领导下进行事故处理，一般负责保护及自动装置的检查及故障报告打印，值长不在时，代行值长职责。

5. 副值

在值长或正值的带领下进行事故处理，一般负责一次设备的检查。

8.3.4 事故处理一般规定

（1）电网发生事故时，事故单位应立即清楚、准确地向值班调度员报告事故发生的时间、现象、跳闸断路器、运行线路潮流的异常变化、继电保护及安全自动装置动作、人员和设备的损伤以及频率、电压的变化等事故有关情况。对于无人值班变电站，应由负责监控的调控中心或者变电运维班立即向值班调度员报告事故发生的时间、跳闸断路器、保护动作信息、设备状态及潮流、频率、电压等的变化情况，并迅速联系人员尽快赶往现场检查。具有视频监控系统和保护信息管理系统子站的，应立即着手设备远程巡视和保护动作分析。运行人员赶到现场后，应立即向调度报告，明确现场检查工作方向和重点要求。

（2）对于无人值守变电站站内设备故障（如母线故障、主变差动和重瓦斯等保护动作），在运行人员赶到现场并汇报检查结果之前，值班调度员不应轻易决定对站内设备进行强行恢复处理。

（3）无人值守变电站发生线路跳闸停电后，运维班应及时派运维人员到现场检查处理。对于重要联络线跳闸停电，分析两侧站内保护动作、故障录波等情况认为是线路故障，且相关设备具备遥控操作条件，同时变电运维班检查确认线路断路器无异常（SF_6断路器、跳闸次数远未达到限定次数、无压力低等任何异常告警等），调度可以对线路进行强送操作。

（4）非事故单位，不得在事故当时向值班调度员询问事故情况，以免影响事故处理。应密切监视潮流、电压的变化和设备运行情况，防止事故扩展。如发生紧急情况，应立即报告值班调度员。

（5）事故处理时，应严格执行发令、复诵、汇报和录音制度，应使用统一调度术语和操作术语，指令和汇报内容应简明扼要。

（6）事故处理期间，事故单位的值长应坚守岗位进行全面指挥，并随时与值班调度员保持联系。如确要离开而无法与值班调度员保持联系时，应指定合适的人员代替。

（7）在设备发生故障、系统出现异常等紧急情况下，各级调控中心监控员和变电运维班值班人员应根据值班调度员的指令遥控拉合断路器，完成故障隔离和系统紧急控制。在台风等可预见性自然灾害来临之前，可视灾害严重程度将受影响的受控站监控职责移交相应变电运维班；受影响的无人值班变电站应根据上级部门通知恢复有人值班；在变电站恢复有人值班模式期间，与调度联系的现场运行人员应具备接受调度命令的相关资质；双方在联系过程中，仍应坚持使用"三重命名"的发令形式，并严格遵守发令、复诵、录音、监护、记录等制度及相关安全规程要求。

8.4　变电站典型故障案例分析

8.4.1　变电站典型故障类型

1. 输电线路故障

（1）单相接地短路故障。

（2）两相短路故障。

（3）三相短路故障。

152

（4）两相接地短路故障。

（5）单相断线故障（两相运行）。

（6）两相断线故障（单相运行）。

2．变压器故障

（1）油箱内部故障：①相间短路；②绕组的匝间短路；③单相接地短路。

（2）油箱外部故障：①引线及套管处各种相间短路；②接地故障。

3．母线故障

（1）单相接地故障。

（2）两相短路故障。

（3）三相短路故障。

（4）污闪。

4．其他故障

（1）电压互感器故障。

（2）电流互感器故障。

（3）断路器故障。

（4）隔离开关故障。

（5）并联电容器故障。

（6）高压熔断器故障。

（7）二次设备故障。

（8）其他。

8.4.2　输电线路故障处理

8.4.2.1　输电线路故障处理的一般要求

（1）线路保护动作跳闸，无论重合闸是否动作或动作成功与否，均应对断路器进行外部检查。

（2）线路断路器跳闸后，重合闸装置投入但不动作，可强送一次。

（3）线路跳闸后（包括重合不成），为加速事故处理，值班调度员可不查明事故原因，在确认站内间隔设备无异常后可立即进行一次强送（确认永久性故障者除外）。

（4）对新启动投产线路和全电缆线路，一般不进行强送。若要对新投产线路跳闸后进行强送最终应得到启动总指挥的同意。非全程电缆线路（部分是架空线路）重合闸正常是否投跳应在线路投产时予以明确，线路跳闸后是否进行强送应根据故障点的判断而定。

（5）如跳闸属多级或越级跳闸者，视情况可分段对线路进行强送。

（6）重合闸停用的线路跳闸后，调控中心监控员、变电运维班运行人员应立即汇报值班调度员，由值班调度员决定是否强送。

（7）线路跳闸能否送电，强送成功是否需停用重合闸，或断路器切除次数是否已到规定数，变电运维班值班人员应根据现场规定，向有关调度汇报并提出要求。

（8）有电缆或按规定不能投重合闸的线路发生跳闸后，未查明原因不能送电。

8.4.2.2　输电线路故障处理示例

1. 10kV 线路故障，重合不成功

（1）调控中心监控员电话告知运维班主站运维人员，监控后台发：实训变电站实训××线路"保护动作""重合闸动作"等信号，实训××线路断路器在断开位置。

（2）值长安排正值查看主站监控系统信号，与调控中心告知信号相符，安排副值通过视频监控系统远程巡视实训变电站 10kV 开关室，无异常，汇报值班调度员，值长派遣正值、副值前往现场。

（3）到达实训变电站后，告知调控中心监控员运维人员已到达现场，检查实训变电站监控后台发实训××线路"保护动作""重合闸动作"等信号，实训××线路断路器断开位置指示闪烁，相应电流、有功功率、无功功率等指示为零，汇报值班调度员。

（4）正值检查实训××线路保护装置上"过流Ⅱ段保护动作""重合闸动作"等信号灯亮，保护液晶显示屏显示故障相别为 AB 相，故障电流为 8.12A，检查完毕后复归保护信号，分析判断为实训××线路 AB 相短路，故障跳闸后重合闸动作未成功。

（5）副值检查一次设备情况，实训××线路断路器在分闸位置，线路保护范围内的站内设备无短路、接地等故障，实训××线路间隔设备无异常。

（6）正值汇报值班调度员：实训变电站实训××线路保护装置上"过流Ⅱ段保护动作""重合闸动作"等信号灯亮，保护液晶显示屏显示故障相别为 AB 相，故障电流为 8.12A，实训××线路断路器在分闸位置，线路保护范围内的站内设备无短路、接地等故障，实训××线路间隔设备无异常。并告知调控中心监控员。

（7）根据调度指令将实训××线路改为检修状态，做好相关记录，待故障排除后再根据调度指令将实训××线路改为运行状态恢复送电。

2. 10kV 线路故障，断路器拒动

（1）调控中心监控员电话告知运维班主站运维人员，监控后台发：实训变电站"1号主变 10kV 后备保护动作""实训××线路保护动作""1号电容器保护动作"、1号主变10kV 断路器在断开位置，1号电容器断路器在断开位置，实训××线路断路器在合闸位置，10kVⅠ段母线失压。

（2）值长安排正值查看主站监控系统信号，与调控中心告知信号相符，安排副值通过视频监控系统远程巡视实训变电站 10kV 开关室，无异常，汇报值班调度员与班长，值长与值班骨干、正值、副值一起前往现场。

（3）到达实训变电站后，告知调控中心监控员运维人员已到达现场，检查实训变电站监控后台发"1号主变 10kV 后备保护动作""实训××线路保护动作""1号电容器低压保护动作"等信号，实训××线路断路器在合闸位置，1号主变 10kV 断路器、1号电容器断路器断开位置指示闪烁，10kVⅠ段母线失压，汇报值班调度员。

（4）值长、值班骨干拉开 10kVⅠ段失压母线上各线路断路器，发现实训××线路断路器无法拉开。

（5）正值检查 1号主变保护装置显示 1号主变 10kV"复压过流保护动作"，实训××线路保护装置上"过流Ⅱ段保护动作"信号灯亮，保护液晶显示屏显示故障相别为 BC相，故障电流为 8.06A，1号电容器保护装置显示"低压保护动作"，检查完毕后复归保护信号。综合信号分析判断为实训××线路 BC 相短路，断路器拒动，1 号主变复压过流保护动作跳开 1 号主变 10kV 断路器，1 号电容器低压保护动作跳开 1 号电容器断路器。

（6）副值检查一次设备情况，1 号主变 10kV 断路器、1 号电容器断路器在断开位置，实训××线路断路器在合闸位置，实训××线路保护范围内的站内设备无短路、接地等故障，实训××线路间隔设备无异常，1 号主变 10kV 过流保护范围内设备无明显异常，主变本体外观无明显异常。

（7）值班骨干、值长到达 10kV 开关室，确保没有电压的情况下，按下实训××线路断路器手车上紧急分闸按钮，将断路器拉开。

（8）值长汇报值班调度员：实训变电站 1 号主变保护装置显示 1 号主变 10kV "复压过流保护动作"，实训××线路保护装置上"过流Ⅱ段保护动作"信号灯亮，保护液晶显示屏显示故障相别为 BC 相，故障电流为 8.06A，1 号电容器保护装置显示"低压保护动作"。1 号主变 10kV 断路器、1 号电容器断路器在断开位置，实训××线路保护范围内的站内设备无短路、接地等故障，实训××线路间隔设备无异常，1 号主变 10kV 过流保护范围内设备无明显异常，主变本体外观无明显异常。实训××线路断路器无法拉开，已通过按下断路器紧急分闸按钮拉开，10kVⅠ段失压母线上其他各线路断路器已拉开。并告知调控中心监控员及班长。

（9）根据调度指令将实训××线路改为冷备用状态隔离故障点，根据调度令合上 1 号主变 10kV 断路器对 10kVⅠ段母线充电，充电正常后，恢复其他线路和设备的运行，最后将实训××线路改为检修状态，做好相关记录，待故障排除后再根据调度指令将实训××路改为运行状态恢复送电。

8.4.3 变压器故障处理

8.4.3.1 变压器故障处理的一般要求

（1）变压器的断路器跳闸时，应根据变压器保护动作和跳闸时的外部现象，判明故障原因后再进行处理。

（2）重瓦斯和差动保护同时动作跳闸，未查明原因和消除故障之前不得强送。

（3）差动保护动作跳闸，经外部检查无明显故障，变压器跳闸时电网又无冲击，如有条件可用发电机零起升压。如电网急需，经设备主管领导、公司分管生产领导同意可试送一次。

（4）重瓦斯保护动作跳闸后，即使经外部检查和瓦斯气体检查无明显故障也不允许强送。除非已找到确切依据证明重瓦斯误动方可强送。如找不到确切原因，则应测量变压器线圈的直流电阻，进行油的色谱分析等补充试验证明变压器良好，经设备主管领导、公司分管生产领导同意后才能强送。

（5）变压器后备保护动作跳闸，经外部检查无异常可以强送一次。

（6）变压器过负荷及其异常情况，按现场规程规定进行处理。

8.4.3.2 变压器差动保护动作跳闸的分析判断

（1）检查发现变压器本体有异常和故障现象，或者差动保护范围内一次设备有故障现象，可以判断是变压器差动保护范围内设备故障引起变压器差动保护动作。

（2）检查未发现任何异常和故障痕迹，如有气体保护信号，即使只有轻瓦斯保护信号，则变压器内部故障可能性极大。

（3）检查变压器和差动保护范围内一次设备，未发现异常及故障痕迹，变压器气体保护未动作，其他设备和线路保护均无动作信号，应对变压器进行试验后才能准确判断是保护误动还是一次设备存在故障。

8.4.3.3　变压器重瓦斯保护动作跳闸的分析判断

（1）若变压器差动保护等同时动作，说明变压器内部有故障。

（2）若变压器外部检查有明显异常和故障痕迹（如喷油），说明变压器内部有故障。

（3）取气检查分析，如果气体继电器内的气体有色、有味、可燃，则无论变压器外部检查有无明显异常或故障痕迹，都应判定为内部故障。

8.4.3.4　变压器故障处理示例

1. 变压器外部故障

（1）调控中心监控员电话告知运维班主站运维人员，监控后台发：实训变电站"1号主变差动保护动作""故障录波器动作""10kV 母分备自投动作""110kVⅠ段母线 TV 断线"等信号，金培 1101、1 号主变 10kV 断路器在断开位置，10kV 母分断路器在合闸位置，1 号主变两侧电流、有功功率、无功功率指示为零，110kVⅠ段母线失压。

（2）值长安排正值查看主站监控系统信号，与调控中心告知信号相符，安排副值通过视频监控系统远程巡视实训变电站 110kV 设备区，无异常，汇报值班调度员与班长，值长与值班骨干、正值、副值一起前往现场。

（3）到达实训变电站后，告知调控中心监控员运维人员已到达现场，检查实训变电站监控后台发"1号主变差动保护动作""故障录波器动作""10kV 母分备自投动作""110kVⅠ段母线 TV 断线"等信号，金培 1101、1 号主变 10kV 断路器断开位置指示闪烁，10kV 母分断路器合闸位置指示闪烁，1 号主变两侧电流、有功功率、无功功率指示为零，110kVⅠ段母线失压，2 号主变负荷情况正常，汇报值班调度员。

（4）正值检查 1 号主变保护装置显示"1 号主变差动保护动作"，10kV 母分备自投装置显示"备自投动作"，打印出微机保护报告后复归信号。

（5）值班骨干、副值检查一次设备情况，金培 1101、1 号主变 10kV 断路器在断开位置，10kV 母分断路器在合闸位置，金培 1101 电流互感器 A 相靠断路器侧有明显的闪络、接地痕迹，其他设备无明显异常，主变本体外观无明显异常。

（6）综合分析为金培 1101 电流互感器 A 相靠断路器侧闪络、接地，引起 1 号主变差动保护动作，跳开金培 1101、1 号主变 10kV 断路器，10kV 母分备自投动作，自动投入 10kV 母分断路器。

（7）值长汇报值班调度员：实训变电站 1 号主变保护装置显示"1 号主变差动保护动作"，10kV 母分备自投装置显示"备自投动作"。金培 1101、1 号主变 10kV 断路器在断开位置，10kV 母分断路器在合闸位置，金培 1101 电流互感器 A 相靠断路器侧有明显的闪络、接地痕迹，其他设备无明显异常，主变本体外观无明显异常。并告知调控中心监控员及班长。

（8）调度下发指令：

1）许可：10kV 母分备用电源自投装置由自投改信号。

2）金培 1101 断路器由热备用改冷备用。

3）许可：110kV 母分备用电源自投装置由自投改信号。

4）合上 110kV 母分断路器（充 110kV Ⅰ段母线及 1 号主变）。

5）合上 1 号主变 10kV 断路器。

6）拉开 10kV 母分断路器。

7）许可：10kV 母分备用电源自投装置由信号改自投。

8）金培 1101 断路器由冷备用改检修。

（9）故障隔离、检修操作完毕后，做好相关记录，对检修设备做好安全措施，故障处理结束，检修人员结论设备可投运，汇报调度，根据调度指令恢复送电：

1）金培 1101 断路器由检修改冷备用。

2）金培 1101 断路器由冷备用改运行（合环）。

3）拉开 110kV 母分断路器（解环）。

4）许可：110kV 母分备用电源自投装置由信号改自投。

（10）做好相关记录，并将事故处理情况告知调控中心监控员及班长。

2. 变压器内部故障

（1）调控中心监控员电话告知运维班主站运维人员，监控后台发：实训变电站"1 号主变重瓦斯保护动作""故障录波器动作""10kV 母分备自投动作""110kV Ⅰ段母线 TV 断线"等信号，金培 1101、1 号主变 10kV 断路器在断开位置，10kV 母分断路器在合闸位置，1 号主变两侧电流、有功功率、无功功率指示为零，110kV Ⅰ段母线失压。

（2）值长安排正值查看主站监控系统信号，与调控中心告知信号相符，安排副值通过视频监控系统远程巡视实训变电站 1 号主变设备区，发现 1 号主变喷油，汇报值班调度员与班长，值长与值班骨干、正值、副值一起前往现场。

（3）到达实训变电站后，告知调控中心监控员运维人员已到达现场，检查实训变电站监控后台发"1 号主变重瓦斯保护动作""故障录波器动作""10kV 母分备自投动作""110kV Ⅰ段母线 TV 断线"等信号，金培 1101、1 号主变 10kV 断路器断开位置指示闪烁，10kV 母分断路器合闸位置指示闪烁，1 号主变两侧电流、有功功率、无功功率指示为零，110kV Ⅰ段母线失压，2 号主变负荷情况正常，汇报值班调度员。

（4）正值检查 1 号主变保护装置显示"1 号主变重瓦斯保护动作"，10kV 母分备自投装置显示"备自投动作"，打印出微机保护报告后复归信号。

（5）值班骨干、副值检查一次设备情况，发现 1 号主变防爆管喷油，气体继电器内充满油，金培 1101、1 号主变 10kV 断路器在断开位置，10kV 母分断路器在合闸位置，其他设备无明显异常。

（6）综合分析为 1 号主变内部故障，引起 1 号主变重瓦斯保护动作，跳开金培 1101、1 号主变 10kV 断路器，10kV 母分备自投动作，自动投入 10kV 母分断路器。

（7）值长汇报值班调度员：实训变电站 1 号主变保护装置显示"1 号主变重瓦斯保护动作"，10kV 母分备自投装置显示"备自投动作"。1 号主变防爆管喷油，气体继电器内充满油，金培 1101、1 号主变 10kV 断路器在断开位置，10kV 母分断路器在合闸位置，其他设备无明显异常。并告知调控中心监控员及班长。

（8）调度下发指令：

1）许可：10kV 母分备用电源自投装置由自投改信号。

2）1 号主变 10kV 断路器由热备用改冷备用。

3）金培 1101 断路器由热备用改冷备用。

4）1 号主变由冷备用改检修（拉开 1 号主变 110kV 主变隔离开关）。

5）金培 1101 断路器由冷备用改运行。

（9）故障隔离、检修操作完毕后，做好相关记录，对检修设备做好安全措施，将事故处理情况告知调控中心监控员及班长。1 号主变检修期间，密切监视 2 号主变负荷情况，必要时汇报调度进行减负荷，投入 2 号主变所有冷却装置。

8.4.4 母线故障处理

8.4.4.1 母线故障处理的基本原则

（1）母线故障未经检查不允许强行送电。

（2）如母线失压，应将失压母线上的断路器全部拉开。

（3）如有明显的故障点，应用隔离开关将其隔离，恢复母线送电。

（4）如故障点不能隔离，对于内桥和单母线分段接线母线，将母线转检修。

（5）找不到明显故障点的，可试送电一次，应优先用外部电源，其次选择变压器或母分断路器，试送断路器必须完好，并有完备的继电保护，如用线路对侧对母线充电，应将线路对侧的重合闸停用。

8.4.4.2 母线故障的分析判断

（1）母线单相接地故障。对于小电流接地系统，母线单相接地故障的现象和线路单相接地的现象相同，在确认母线故障且故障点无法隔离时，应根据调度指令将负荷转移后将母线停电，待故障排除后再根据调度指令送电。如果故障点可以隔离，则在故障点隔离后恢复母线和其他正常设备的运行。

对于大电流接地系统，母线发生单相接地故障，对于单母线分段接线，将会使上一级断路器跳闸；对于内桥接线，则对应的变压器差动保护动作。

（2）母线相间故障。对于小电流接地系统，母线发生相间故障，将会使变压器对应的断路器及分段断路器跳闸。

对于大电流接地系统，母线发生相间故障，对于单母线分段接线，将会使上一级断路器跳闸；对于内桥接线，则对应的变压器差动保护动作。

8.4.4.3 母线故障处理示例

（1）调控中心监控员电话告知运维班主站运维人员，监控后台发：实训变电站"1 号主变差动保护动作""故障录波器动作""10kV 母分备自投动作""110kVⅠ段母线 TV 断线"等信号，金培 1101、1 号主变 10kV 断路器在断开位置，10kV 母分断路器在合闸位置，1 号主变两侧电流、有功功率、无功功率指示为零，110kVⅠ段母线失压。

（2）值长安排正值查看主站监控系统信号，与调控中心告知信号相符，安排副值通过视频监控系统远程巡视实训变电站 110kV 设备区，无异常，汇报值班调度员与班长，值长与值班骨干、正值、副值一起前往现场。

（3）到达实训变电站后，告知调控中心监控员运维人员已到达现场，检查实训变电站监控后台发"1号主变差动保护动作""故障录波器动作""10kV母分备自投动作""110kVⅠ段母线TV断线"等信号，金培1101、1号主变10kV断路器断开位置指示闪烁，10kV母分断路器合闸位置指示闪烁，1号主变两侧电流、有功功率、无功功率指示为零，110kVⅠ段母线失压，2号主变负荷情况正常，汇报值班调度员。

（4）正值检查1号主变保护装置显示"1号主变差动保护动作"，10kV母分备自投装置显示"备自投动作"，打印出微机保护报告后复归信号。

（5）值班骨干、副值检查一次设备情况，金培1101、1号主变10kV断路器在断开位置，10kV母分断路器在合闸位置，110kVⅠ段母线电压互感器隔离开关母线侧A相绝缘子有明显的闪络放电痕迹，其他设备无明显异常，主变本体外观无明显异常。

（6）综合分析为110kVⅠ段母线电压互感器隔离开关母线侧A相绝缘子闪络放电，引起1号主变差动保护动作，跳开金培1101、1号主变10kV断路器，10kV母分备自投动作，自动投入10kV母分断路器。

（7）值长汇报值班调度员：实训变电站1号主变保护装置显示"1号主变差动保护动作"，10kV母分备自投装置显示"备自投动作"。金培1101、1号主变10kV断路器在断开位置，10kV母分断路器在合闸位置，110kVⅠ段母线电压互感器隔离开关母线侧A相绝缘子有明显的闪络放电痕迹，其他设备无明显异常，主变本体外观无明显异常。并告知调控中心监控员及班长。

（8）调度下发指令：

1）许可：10kV母分备用电源自投装置由自投改信号。

2）许可：110kV母分备用电源自投装置由自投改信号。

3）1号主变10kV断路器由热备用改冷备用。

4）金培1101断路器由热备用改冷备用。

5）110kV母分断路器由热备用改冷备用。

6）拉开1号主变110kV主变隔离开关。

7）110kVⅠ段母线压变由运行改冷备用。

8）110kVⅠ段母线由冷备用改检修。

（9）故障隔离、检修操作完毕后，做好相关记录，对检修设备做好安全措施，将事故处理情况告知调控中心监控员及班长。110kVⅠ段母线检修期间，密切监视2号主变负荷情况，必要时汇报调度进行减负荷，投入2号主变所有冷却装置。

第9章　新设备投产运行准备

新设备投产分为新变电站投产和新建单个、多个间隔投产两种类型。新设备投产前运行准备内容较多，也相对复杂。应制定完善的运行准备方案，合理安排设备投产准备人员。投产班组负责人应根据新变电站投产计划合理制定出投产准备工作计划，一份上报变电运维部门的（运维中心）主管领导审阅，一份变电站留底。投产计划应按照投产准备工作安排计划表执行，在执行过程中，如果遇到问题负责人可适当调整计划。变电站在投产准备工作中必须严格按投产准备项目及标准做好投产准备工作。

本章以投产新变电站示例，新建单个、多个间隔的投产运行准备可参考投产新变电站实行。

9.1　人员组建与培训

1. 人员组建

对于 110kV 变电站，新组建的班组人员或投产准备人员正常不得少于 3 人。为了确保投产准备工作的充分，人员应在新设备安装调试前到位、进场。

2. 技术培训

变电站的技术负责人应根据现场实际制定出详细的培训计划，严格按计划进行培训。变电运维人员应在变电站投产前到现场熟悉设备，时间一般安排 1 天以上。在变电站投产前，运维站（班）或变电站所有人员应进行投产变电站的设备熟悉情况、设备事故和异常处理、设备操作及运行注意事项等相关内容的上岗考试。各项培训工作均应记录在技术培训记录中。

9.2　新设备投产管理要求

1. 设备管理

设备管理工作是新变电站投运前一项重要内容，切实做好设备管理工作，才能保障变电站的安全投运。变电站管理工作应做好以下工作：

（1）变电运维部门（运维中心）专职（或投产负责人）在参加设计联络会前，应认真调查、总结以前同类工程中存在的问题，并在会上提出。在收到变电站的电气图纸后，认真阅图，提出问题或改进意见，经工区（中心）主管领导审核后，以书面形式在施工图会审及施工协调会上提出。

（2）变电运维部门（运维中心）专职（或投产一次设备负责人）负责做好设备名牌详细计划（包括名称、数量、规格），一次模拟图板的尺寸、布局等工作。此项工作应在投产前 40 天完成。提供远景一次主接线图（标明正确完整的设备命名和编号），并联系一次图板的制作，在制作过程中应及时与厂家保持联系，加强审核，确保图板的正确。

（3）变电运维部门（运维中心）专职（或投产负责人）应协调好变电站操作巡视道的设置，应满足变电站日常巡视的需要。

（4）变电运维部门（运维中心）专职（或投产相关人员）整理好一次、二次设备命名制作清单，命名的制作规格、颜色等应符合国网公司的相关要求。

（5）变电运维人员进所后，首先应抄录各设备铭牌，经整理后输入计算机，并按要求送相关部门。

（6）在变电站投产后 5 天内，班组应将台账数据、可靠性数据、固定资产数据均输入微机管理系统内并完成其他微机管理系统中涉及该变电站的其他初始化工作（如变电站主接线图等）。

2. 物资管理

物资需用计划应由变电运维部门（运维中心）编制，经工区（中心）领导审核后上报，此项工作应在变电站投产前 45 天前完成。备品备件由变电运维部门（运维中心）落实相应购买计划，此项工作一般应在投产前 45 天完成。物资需用计划批准后，变电运维部门（运维中心）负责协调相关单位做好工器具类、日常用品类、生活（办公）用品类的制作、采购，物品到货不得影响变电站的投产准备工作。工区（中心）应负责投产准备计算机设备的配备，并协调做好变电站计算机网络的开通工作。

3. 生产技术管理

（1）在变电站验收前 10 天，应先完成运行规程和典型操作票的编写，经变电运维部门（运维中心）审核后，送上级审批。

（2）班组负责人应安排人员收集变电站技术资料，有困难时，应及时向变电运维部门（运维中心）提出。

（3）变电运维部门（运维中心）应协调做好万用表，温、湿度计等计量、测量工具的试验工作。

（4）对投产准备现场存在或发生的问题时，班组技术员应整理好书面报告，一式两份，一份留底，一份上报变电运维部门（运维中心）专职。若需上级职能部门解决的，应以该部门（中心）名义正式以书面报告上报，以便核查。

（5）变电站在投产准备过程中，投产准备工作负责人应深入现场指导现场各项投产准备工作的开展，定期向变电运维部门（运维中心）汇报投产准备工作进展情况及存在的问题。

4. 安全、保卫管理

对物资的安全、保卫管理工作有以下要求：

（1）安全用具在验收前到位，试验合格并按规定编号，实行定置定放。

（2）现场设备上的常设警告牌设置完成，要求整齐美观。

（3）消防、保卫设施按规定配置，消防标牌安装完成。

（4）安全设施标准化的有关工作在投产后 1 个月内完成。

5. 新设备验收过程管理

新变电站验收时，运维人员应配合做好新设备的接收工作，包括设备出厂资料、试验资料、图纸、现场设备、联动操作、备品备件、工器具等（新建单个、多个间隔的设备的验收受到工程进度和停电计划的影响时，允许进行分步交接验收。分步交接验收后的设备同样要履行交接手续，具备书面交接记录）。

（1）工程建设完工后，变电运维人员应积极参与由工程建设单位组织进行的工程预验收和正式交接验收，确保设备满足变电运维人员的操作要求。对验收中发现的问题，及时提交工程建设单位现场处理。

（2）新设备验收合格后，应办理交接手续。新设备交接手续应以正式的交接记录为依据。交接记录的内容包括交接的设备范围、工程完成情况、遗留问题及结论等。

（3）新设备交接验收过程中，变电设备的操作应由运维人员进行，对设备名称、编号、状态应进行仔细确认，严格进行监护。

（4）交接后的新设备应调整至冷备用状态，所有保护自动化装置在停用状态。

（5）变电运维部门（运维中心）相关专业人员应共同参加局组织的启动验收，重点检查投产准备工作情况、防误闭锁、站用电系统、防小动物措施、消防保卫措施等是否符合运行要求。检查照明系统接线是否正确，清楚电缆走向，检查室内外照明（包括事故照明）满足生产要求。清楚生产、生活用水来源。

（6）新设备交接验收过程中，变电设备的操作应由变电运维人员进行，对设备名称、编号、状态应进行仔细确认，严格进行监护。

（7）基建部门应协助班组负责人检查厂房、场地绿化、环保设施是否满足文明生产，确保生活用水符合饮用标准，生产用水满足消防、绿化要求。

（8）新设备验收合格后，应办理交接手续。新设备交接手续应以正式的交接记录为依据。交接记录的内容包括交接的设备范围、工程完成情况、遗留问题及结论等。新设备交接后，变电运维人员应即做好相应的防误措施。

6. 新设备交接验收后的运行管理

新变电站交接验收结束、办理交接手续后，应视作运行设备，交由运行人员管理，不允许擅自改变交接后的新设备状态。新设备状态的改变、接地刀闸或接地线等的操作要作为交接班内容移交。在新设备上工作，必须履行正常的工作票手续，由运行人员操作、许可、验收及终结，工作人员必须填写工作记录。工作结束后，由运行人员将新设备恢复到工作前的冷备用状态。新设备必须办理交接手续后方可进行与运行设备的搭接工作。搭接后的新设备（包括二次设备）应有可靠的防误措施，严防误分、误合或误投而造成事故。

9.3 新变电站投产启动工作

1. 启动必须具备的条件

（1）工程已按照设计要求全部安装、调试完毕，验收中发现的缺陷已消除；启动范围内的所有设备均符合安全运行的要求，设备名称标牌、安装调试报告等齐全，具备投运条件。

（2）变电站现场运行规程、人员培训等各项生产准备工作完成。

（3）变电运行人员应认真组织学习启动调试方案，准备好相应的操作票，明确每一步操作的目的及意义，并做好事故预想。

（4）新设备启动前，变电运行人员应根据启动方案的要求，认真、仔细核对启动范围内所有一次、二次设备的实际状态是否正确，若发现不正确时，要立即进行操作调整。检查及调整操作内容要有书面记录并签名，可纳入倒闸操作票进行管理。

2. 投产操作准备工作

新变电站在正式启动投产前，运行投产准备必须具备以下条件：

（1）有经审核的典型操作票及现场运行规程。

（2）全站的一次设备命名牌、二次命名标签安装完毕且齐全、正确。

（3）一次设备主接线模拟图板到位且安装完毕。

（4）必需的安全用具配备齐全，有相应的试验报告并贴有试验合格标签，按定置摆放整齐。

（5）必需的记录簿册配备齐全，并在控制室定置就位。

（6）必需的流程图已上墙。

（7）生产、生活必需的用具已到位，并按工作要求定置摆放。

（8）必需的备品备件已按要求配置，并在备品备件柜内按定置就位。

（9）常用的工器具已按要求配置，并在工具箱内定置就位。

（10）交直流熔丝配置表、各级调控人员名单、工作票签发人名单、工作负责人名单、设备限额表、紧急拉闸顺序表等必备的图表已完成。

（11）变电站的各类电话按工作要求设置并已开通，主要的联系电话号码明确。

（12）各类规程、图纸、台账、设备技术资料已收集齐全并归档存放。

（13）变电运维人员已经过定岗考试，并有局批复的正式文件，相应岗位的上岗牌制作完成。

（14）启动方案已交底，启动操作票已审核正确。

变电站负责人在正式启动投产前应拟写一份整体投产准备工作总结，内容包括投产准备工作的概况、存在的问题、解决的建议及要求。在变电站正式启动投产前，变电运维投产人员应组织力量按投产准备工作项目及标准对变电站投产准备工作进行一次全面的检查，确保投产准备工作的全面完成。

变电运维部门（运维中心）分管领导、专责，投产变电站站长、运维站（班）长应参加局组织召开的启动投产会议。启动、投产的正式日期确定后，变电运维部门（运维中心）应及时召开启动、投产有关的变电站站长参加的专项会议，讨论、分析启动投产计划、人员安排、危险点及控制措施。班组在正式投产前，应召开启动、投产动员会，变电运维工区（运维中心）专职应参加会议，明确投产期间的人员分工、职责及各种具体措施的落实。在变电站接到正式启动、投产的预令后，变电运维部门（运维中心）专职必须参与预令和操作票的审核。

根据启动、投产日期，在正式启动前一天，变电运维部门（运维中心）分管领导必须组织与投产相关联的变电站人员对启动、投产前全面工作进行一次复查。复查重点是启动、投产的准备工作是否充分，该部门（中心）、班组两级制定的各项措施是否真正落实，启动、投产作业相关的内容是否认真准备，班组骨干是否按要求到位，设备状态（包括五防装置）是否符合要求。在正式启动、投产前摆设备状态方式时，班组骨干必须全部亲自参与，并认真做好自查，自查结果由班长负责在启动投产作业卡上做好记录并签名。在启动、投产总指挥发布正式启动、投产开始命令前，变电运维部门（运维中心）相关人员和变电站人员必须对所摆设的设备状态方式（包括二次保护）进行最后的一次复查，检查结果在"启动、投产作业卡"上做好记录，并由该部门（中心）专职签名。"启动、投产作业卡"格式可参照"设备状态交接验收单（卡）"执行，具体内容根据启动方案中要求编制。

3. 启动过程管理

新变电站自当值运行值班员向调度汇报具备启动条件起，即属于调度管辖设备，改变设备的状态必须有调度的正式操作指令。所有启动操作应严格按照启动方案的规定程序，规范作业，强化解锁钥匙管理，严防误操作。启动过程中发现缺陷，应立即暂停启动，并将缺陷情况汇报调度及有关部门。设备消缺工作应履行正常的检修申请手续，办理工作票。新设备启动过程中发生事故，当值人员应服从当值调度指挥，迅速进行故障隔离，并立即汇报有关部门。事故处理结束后，运行单位应将详细情况汇报调度，根据调度指令停止或继续进行启动工作。

4. 启动、投产期间的安全技术措施

投产期间，应做好安全风险预控。新变电站应根据投产计划每天将当天的冲击范围、启动内容及带电部位画出系统图，说明当天工作危险点、注意事项，并确保当值人员、协助人员均清楚。运维人员还需做好以下相关工作：

（1）严格执行倒闸操作作业规范，按"六要""七禁""八步"进行操作，不受外来因素干扰，禁止协助人员直接参与操作。

（2）认真执行工作票制度，严格执行工作票流程，工作许可人到现场许可必须再次核对安全措施的正确性，特别注意工作间断后重新开工时的工作许可到位。

（3）变电站应根据本所实际认真执行启动、投产操作票。

（4）严格执行防误装置管理制度，加强解锁工具（钥匙）的管理，不得将解锁工具（钥匙）借外来人员使用，确需使用解锁工具（钥匙）进行操作的必须按规定履行审批手续。

（5）发生事故、异常时，运行人员应立即停止操作及时收回工作票，并保护好现场，待启动领导小组决定。

（6）每一设备投产后，运行人员均应清楚一次设备的各项指标（机构压力、SF_6 气体压力等）的正常范围；二次设备正常的信号、保护的面板指示、各种方式下的压板投退方法，以确保投产后即能满足运行要求。

（7）投产期间，全体人员应按岗位分工认真履行自己的职责。

（8）投产期间，协助人员应认真配合当值人员操作、验收，协助进行搬运接地线、做安全措施等辅助性工作，并确保安全措施的正确性。

5. 投产结束后的完善工作

启动、投产结束后，新变电站应组织力量对一次、二次设备进行认真核对，检查其是否满足运行方式要求；一次设备的油色油位、油（气）压力是否正常；二次设备的指示灯、信号灯、保护的面板指示、压板的投退是否正确；直流系统运行及所用电是否正常，以确保全所设备正常运行。启动、投产结束后变电站应尽快完善各项技、反措项目，如正常方式下投入的压板的提示标志等。

（1）试运行期间，变电站应加强设备巡视，严格执行新投产设备的各项管理规定。

（2）试运行结束后，变电站的各项运行工作即按正常运行规定执行，并需执行新设备投产的特殊规定。

（3）在试运行结束后，变电站须将启动用的各种记录本、两票及启动投产作业卡归档存放（缺陷、电量等记入新记录中）。

（4）投产结束后，变电站应尽快组织进行管理的规范工作，收集装订好图纸、资料。

（5）投产后应尽快将启动过程中遇到的设备问题及注意事项列入现场补充规程和典型操作票。

（6）投产工作结束后，变电站应及时进行书面总结，找出不足，理出遗留问题（包括启动、投产过程中出现的异常等），提出解决办法并一式两份上报工区。

9.4　新变电站投产运行准备流程

1. 熟悉概况

熟悉新变电站的建造规模（近期和远期）、一次设备及主变压器的型号、保护和自动化装置选用情况以及变电站预计投运时间等。

2. 制定工作计划

制定新变电站的启动工作计划，见表 9-1。

表 9-1　　　　　　　　　　新变电站启动工作计划表

序号	工作内容	计划时间	负责人	完成情况
1	宣传发动			
2	制定变电站运行筹建工作指导书			
3	一次设备命名牌统计、上报制作并安装			
4	设备铭牌抄录及拍照存档			
5	绘制一次模拟图，联系厂家制作、安装			
6	操作巡视通道规划并设置			
7	备品备件统计、上报制作及就位			
8	安全工器具统计、上报制作及就位			
9	日常用品统计、上报制作及就位			
10	办公用品统计、上报制作及就位			
11	消防用品统计、上报制作及就位			

序号	工作内容	计划时间	负责人	完成情况
12	台账数据录入系统			
13	固定资产数据录入系统			
14	可靠性数据录入系统			
15	智能票系统维护			
16	资料收集			
17	现场运规编写、审核及上报			
18	典型操作票编写、审核及上报			
19	事故预案编写			
20	培训计划制定并实施			
21	安装人员口头、书面交底			
22	投产前培训考试			
23	二次设备命名牌制作并安装			
24	记录簿册就位			
25	防小动物措施（包括电缆孔洞封堵等）			
26	投产前督促安装人员更改施工图纸，与现场实际相符			
27	编制筹建及投产危险点预控方案			
28	编制投产综合预控方案			
29	投产前、后问题汇总			

3. 安排人员分工

根据变电站筹建工作计划及具体情况，将筹建工作任务进行分配。分配方法可综合人员素质、工作内容、工作时间等综合考虑。

（1）负责人。负责本次新设备投运技术工作指导，并对所有工作统筹安排，保障工作安全。

（2）筹建人员。负责编写现场运行规程、典型操作票等相关内容，并负责培训计划编制并进行全员培训。

（3）筹建人员。负责一次、二次设备命名相关工作（包括命名确定、统计核对、制作完成之后安装等）；设备铭牌统计并录入相关系统。

（4）筹建人员。负责资料收集整理；变电站办公、生活用品，消防用品等统计上报并就位；防小动物措施（包括电缆孔洞封堵等）实施。

（5）筹建人员。负责事故预案编写；投产综合和危险点预控方案编制；投产前、后问题汇总及总结等。

4. 实施工作

各参与筹建人员应互相配合，在规定时间内完成分所分配工作。所有人员要时刻关注设备的安装进度及调试进度，在筹建过程中遇到问题应及时与负责人沟通。负责人要及时督促各筹建人员完成分管的工作任务，并经常性地检查筹建进度，存在问题时要及时更改或纠正。同时要做好筹建人员的生活后勤保障工作，合理调度车辆。

5. 设备验收

按照验收相关规定，完成验收工作，并办理交接手续。交接后的新设备应调整至冷备用状态，所有保护自动化装置在停用状态。新设备交接完成后，即应做好相应的防误措施。

6. 投产准备

按照规定，做好投产前的各项工作。在投产之前，进行一次全面的复查。检查启动范围内的所有设备均符合安全运行的要求，设备名称标牌、安装调试报告等齐全，具备投运条件。摆好设备状态，并认真做好自查、复查，确保设备的状态已经全部按要求摆放。

7. 投产启动

向调度汇报具备启动条件，可以进行投产。此时新变电站即属于调度管辖设备，改变设备的状态必须有调度的正式操作指令。启动过程中发现缺陷，应立即暂停启动，并将缺陷情况汇报调度及有关部门。新变电站启动过程中发生事故，当值人员应服从当值调度指挥，迅速进行故障隔离，并立即汇报有关部门。

8. 完善、总结

启动、投产结束后，应对一次、二次设备进行认真核对，检查其是否满足运行方式要求。试运行期间，变电站应加强设备巡视，严格执行新投产设备的各项管理规定。试运行结束后，变电站的各项运行工作即按正常运行规定执行，并需执行新设备投产的特殊规定。投产结束后，应及时进行书面总结，找出不足，理出遗留问题（包括启动、投产过程中出现的异常等），提出解决办法并上报工区。

第10章 防小动物工作管理

防止发生户内小动物事故是变电运行安全管理的一项重要工作内容。小动物进入设备室，可能会造成高压电气设备相间短路或相地短路事故，也可能造成高低压设备外绝缘如电缆外表破损，导致设备故障或保护拒动、误动等事故。因此，在变电站内相关部位，应积极采取防止小动物进入的措施以及驱赶小动物远离现场和一旦小动物进入后能起到诱捕作用的措施，以确保变电设备设施安全运行。根据变电站设备安全运行要求，须对开关柜、端子箱、机构箱以及主控室、保护室、电缆层、蓄电池室和35kV及以下高低压配电室采取防小动物的技术措施和组织措施。

技术措施是指根据小动物的习性和特点，采用电子设备、驱杀产品、实体设施等实现防止户内小动物事故的措施。

组织措施是指通过日常监督管理、定期检查防小动物设施设备，完善或提高防止户内小动物事故水平的措施。

10.1 防止小动物事故的技术措施及配置原则

10.1.1 技术措施

防小动物事故的技术措施主要有防小动物挡板、防鼠沙池（坑）、孔洞封堵、驱鼠器、驱蛇器、鼠笼、鼠夹、电猫、粘鼠板、鼠药、驱蛇粉等。

1. 防小动物挡板

（1）功能。安装在各室出入口处，用以阻止小动物进入室内的挡板。

（2）安装。安装时应尽量避开设备室门口内外有落差的地方，以保证人员进出安全。可采用木质、不锈钢或铝合金等不易变形、生锈的材料制作。为保证木质挡板有足够牢度，制作时挡板内部可先用二层木工板叠装，厚度大约4cm，外面整体用铝塑板包面，用合适宽度的铝合金槽固定安装。挡板高度应不低于40cm，挡板上部应设有45°黑黄相间色斜条防止绊跤线标志，标志宽度宜为50～100mm。

2. 防鼠沙池（坑）

（1）功能。砌筑在有电缆进入设备室之前的电缆沟内或外面，池中填满干燥细沙。其作用是防止老鼠等小动物钻过电缆和封堵物之间的孔洞缝隙进入设备室。

（2）安装。在电缆沟的设备室内侧或室外侧，离设备室墙体1m处与电缆沟等高、垂直砌筑一道墙体，由该墙体与电缆沟两侧面及设备室墙体共同构成的一个池（坑），池（坑）内填满干燥细沙。墙体厚度一般以一块砖的长度为宜，砌筑时砖头间应用砂浆填实，不留缝隙，墙面抹灰平整；池（坑）上覆盖方便运行人员检查的轻质盖板。

3. 孔洞封堵

（1）功能。用有机、无机堵料，水泥砂浆及铁丝网等对可能造成小动物进入的孔、洞、缝隙进行封堵，防止小动物进入设备室，同时也可起到防火作用。

（2）安装。开关柜、端子箱、机构箱以及主控室、保护室、电缆层、蓄电池室和35kV及以下高低压配电室各个有可能造成小动物进入孔、洞、缝隙处，具体为：

1）高压电缆孔（管）封堵。可用水泥砂浆作永久性封堵。

2）进出设备室的电缆孔洞封堵。可用耐火砖辅以无机堵料砌筑墙体封堵，墙体应无缝隙、表面平整。

3）二次屏柜、端子箱电缆孔洞封堵。使用有机堵料封堵，应无缝隙、整齐、美观。

4）空调管路孔洞封堵。使用有机堵料封堵，应无缝隙。

5）电缆槽盒封堵。电缆防火槽盒终端应可靠封堵，防止小动物沿槽盒内部进入室内。宜在进入室内之前1～2m区间段内的防火槽盒中填满干燥细沙，细沙区间两头用防火泥等构筑，防止细沙流失。

6）光缆护管封堵。光缆护管的起、止端和中断处均应用耐久性材料封堵或包扎，可防止小动物沿护管内部进入室内。

7）开关室、蓄电池室、配电室通风窗可采用细孔铁丝网和铝合金小门相结合，便于开、关和防潮。每当打开室内换气窗时，应检查其铁丝网罩是否完好，如有破损应及时修补好后，才能开启。

4. 驱鼠器

（1）功能。利用电子技术产生某些频率的电磁波和超声波，作用于老鼠等害虫的听觉系统和神经系统，使其产生不适，驱逐其逃离现场的装置。

（2）安装。设置在高低压配电室、继保室、电缆层内。因蓄电池室、站用电室、交直流室、电容（电抗）器室面积小，平面直观，驱鼠器可视情况选择安装或不安装；设置数量按照说明书说明的有效面积布置。

5. 驱蛇器

（1）功能。利用装置产生的特定频率超声波或振动波将蛇驱逐逃离安装地点附近。

（2）安装。根据产品说明书方式及有效面积范围布置，在此基础上可适当增加安装数量，以提升驱逐效果。

6. 鼠笼

（1）功能。利于老鼠偷吃预先安装在鼠笼内机械装置上的诱饵，带动脱扣装置将鼠笼门快速关闭，将老鼠关在鼠笼内。

（2）设置。设置在设备室内墙脚处适当位置。数量：开关室、电缆层2～4只，其他设备室1～2只，也可视设备室面积大小适当增减数量。

应定期更换诱饵、检查鼠笼门是否被脱扣关闭，并做好检查记录。

7. 鼠夹

（1）功能。利用老鼠偷吃预先安装在鼠夹机械装置上的诱饵，带动脱扣装置使鼠夹快速夹上，将老鼠夹住。

（2）设置。设置在设备室内平常行人不易触碰的地方。数量：开关室、电缆层2～4

个，其他设备室 1～2 个，也可视设备室面积大小适当增减数量。

8. 电猫

（1）功能。利用装置产生的弱电流高电压脉冲，通过敷设在设备室四周地面上的高压电线电死接触电线的小动物。

（2）安装。电猫主机安装在设备室内，将电猫线引出设备室外，沿设备室外四周地面敷设，地线直接贴地敷设，火线敷设在地线上方 4～6cm 处，用绝缘固定物支撑。

9. 粘鼠板

（1）功能。根据老鼠习惯沿建筑物墙根行走的习性，利用粘鼠板上强力黏性胶质物将老鼠粘住。

（2）设置。设置在设备室内墙脚处适当位置，为防止粘鼠板被灰尘沾污，可将粘鼠板放置在防尘罩内。数量：开关室、电缆层 4～8 片，其他设备室 1～2 片；户内电缆沟内如需设置，每隔 15m 在电缆沟底两侧各设 1 片，也可视设备室面积大小适当增减数量。

10. 鼠药

（1）功能。利用药物的毒性将老鼠毒死。

（2）设置。在设备室适当位置设置，为防止鼠药扩散，可将鼠药放置在一个小托盘内。

11. 驱蛇粉

（1）功能。利用驱蛇粉的刺激性气味，使蛇远离。

（2）设置。在现场蛇患比较严重，发现有蛇类活动痕迹频繁的地点，均匀连续地将驱蛇粉撒在驱蛇范围的四周；在夏季来临前蛇类复苏后活动开始频繁时使用，一般为每年 4～10 月。

10.1.2 配置原则

为规范变电站设备室防小动物事故技术措施的落实，表 10-1 列出一些常规配置原则方案，供变电站开展防小动物工作时参考。

1. 配置说明

鼠药早期在变电站内曾广泛使用，但由于有毒，不环保卫生，不建议在变电站内使用。

捕鼠类措施主要有粘鼠板、鼠笼、鼠夹、电猫，由于鼠夹有一定的危险性，鼠夹、鼠笼需频繁更换诱饵，且在某些场还容易生锈，而电猫安装和维护工作量大，因此，建议优先选用粘鼠板。

防蛇措施需根据变电站所处的环境而定，不是所有变电站必需项目，如果蛇患严重可从表中选择使用。

2. 典型配置表

表 10-1　　　　　　　　　　　　　　　典 型 配 置 表

小室名称	开关室	主变室	继保室	主控室	蓄电池室	电缆层	站用电室	交直流室	电容（抗）器室
防小动物挡板	■	—	■	■	■	■	■	■	■
防鼠沙池（坑）	■	—	■	■	■	■	■	■	■
孔洞封堵	■	—	■	■	■	■	■	■	■
驱鼠器	■	□	■	—	○	■	○	○	○

小室名称	开关室	主变室	继保室	主控室	蓄电池室	电缆层	站用电室	交直流室	电容（抗）器室
电猫	○	—	○	○	○	○	○	○	○
粘鼠板	◆	—	◆	◆	■	◆	◆	◆	◆
鼠笼	◆	—	◆	◆		◆	◆	◆	◆
鼠夹	◆	—	◆	—	—	◆	◆	◆	◆
鼠药	□	—	□	□		□	□	□	□
驱蛇器	○	—	○	—	○	○	○	○	○
驱蛇粉	○	—	○		○	○	○	○	○

注 ■表示应配置；□表示宜配置；—表示不需配置；◆表示应配置的可选项，即同一列中◆位置对应的措施应至少选一项配置；○表示现场可根据需要配置。

10.2 防止小动物事故的组织措施

10.2.1 职责分工

（1）班长全面负责所辖变电站防小动物工作的管理、检查与考核。

（2）安全员具体负责组织开展防小动物管理工作，定期组织人员对防小动物设施检查与维护，并做好记录。

（3）防小动物工作应纳入当值人员巡查项目，发现问题及时整改或上报班组。

（4）防小动物工作由运维室安质组归口管理。

10.2.2 定期检查

班组应将对防小动物设施设备的定期检查纳入典型日工作计划，开展定期检查、维护与记录。

（1）防小动物挡板。每月一次全面检查，检查挡板的密封性，防止小动物从缝隙中进入设备室，并做好检查记录。

（2）防鼠沙池（坑）。每月一次全面检查防鼠沙池（坑）细沙是否铺平、铺实，检查细沙有否从墙体孔洞缝隙中漏出，并做好检查记录。

（3）孔洞封堵。每月一次全面检查各处孔洞封堵是否可靠，封堵物有无老化、脱落，有条件的现场还可配置彩色柔性探测仪对人员无法检查到位的小空间、缝隙进行探测与检查，并做好检查记录。

（4）驱鼠器。每月一次全面检查，检查驱鼠器工作状态，并做好检查记录。

（5）驱蛇器。每月一次全面检查，检查驱蛇器工作状态，并做好检查记录。

（6）鼠笼、鼠夹。每月一次全面检查，检查鼠笼、鼠夹工作状态，每3个月更换一次诱饵，并做好检查记录。日常巡视中发现诱饵腐烂、变质、消失应及时更换补充，鼠笼、鼠夹装置意外脱扣应及时恢复。

（7）电猫。每月一次全面检查，检查试验电猫工作状态，可用带绝缘手柄的导体将火线与地线短时短路，电猫装置发出告警音表示电猫工作正常，并做好检查记录。电猫告警时应及时检查，清理被电死的小动物，恢复电猫正常工作状态。

（8）粘鼠板。每月一次全面检查，检查粘鼠板黏性良好，并做好检查记录。日常巡视中发现粘鼠板黏性失效应及时更换，变电站扩建工程投产启动前，在相关位置可适当增加临时粘鼠板，新设备投运一周后恢复正常数量。

（9）鼠药。每月一次全面检查，每3个月应更换一次，并做好检查记录。缺少时应及时补充，更换下来的鼠药应深埋处理，防止意外。

（10）驱蛇粉。每月一次全面检查，检查驱蛇粉是否缺少，缺少应及时补充，按说明书有效期定期更换，并做好检查记录。

（11）每年3月和10月由班组安排一次专项检查。

（12）对检查出的问题能自行处理的由运维班组立即处理，不能处理的上报运维主管部门。

10.2.3 日常管理

（1）各单位每年应落实保障防小动物管理工作正常开展的相关费用。

（2）在设备室门内、外明显位置粘贴"随手关门"提示牌，提醒人员进出设备室时做到随手关门。

（3）各设备室不得存放粮食及其他食品，站内厨房的各种食品应有固定存放地点或专用存放器具；变电站生产区域内不留长草，禁止生产区域种植农作物。

（4）运行变电站内因工作需要开挖已封堵的孔洞，应与当值联系，并做到当天开挖、当天封堵、人离即封堵，实行"谁开挖，谁封堵"的原则。如连续多日工作，收工当天也应采取可靠的临时措施，且需经当值运维人员验收。

（5）若设备室内工作需要确需取下防小动物挡板时，应由工作负责人向当班人员提出经当班人员同意后可暂时取下，工作间断或结束后应立即恢复，并告知当班人员。当班人员在工作结束验收时应将挡板的恢复情况纳入验收范围。

（6）由于某些驱鼠器在正常工作中会发出人耳敏感的声音，室内工作需暂时停用驱鼠器时，应由工作负责人向当班人员提出申请，同意后方可停用，工作间断或结束后立即恢复，并告知当班人员。有条件的班组可考虑改进驱鼠器产品或驱鼠器电源。例如改造驱鼠器的电源实现设备室有人时自动切断电源和无人时自动恢复电源的功能；也可通过更换驱鼠器产品型号，选用工作中不发出人耳敏感声音的驱鼠器。

（7）变电站新、扩建及改造工程，原则上应在电气验收前7天，由电气安装主管人员、土建封堵主管人员、运维负责人验收合格，并在设备验收前，由基建部门和施工单位提供的孔洞分布图及封堵自查书面情况交变电站负责人，三方会同逐一到位检查封堵情况，办好验收交接手续。在投运后一周内，由站（班）长组织全站人员再次检查各孔洞、挡板、缝隙等防小动物措施。

（8）新建、扩建变电站移交后可在相应部位临时增加驱鼠、捕鼠设备，以加强防小动物效果，待新设备投运一周后恢复正常数量。

（9）对现场有工作的设备室，运行人员可对工作现场通过图像监控系统经常性监视设备室内各防止小动物事故措施的变动情况。对小动物活动频繁的场所，班组有条件时，可在设备室内安装能对移动物体进行跟踪、录像并报警的视频监视系统，对设备室监视是否有小动物活动进行实时跟踪监测。

（10）变电站应具有完整的防小动物措施台账，实行定置管理。在台账中标明各室需进行防小动物检查的电缆进出孔洞、门、窗及各类防小动物设施设备的定置、数量等内容，改造时同步更新防小动物措施台账。格式见附录A。

10.2.4 孔洞封堵开启时的现场防小动物管理

现场若有电缆敷设等影响设备室封堵的工作时，运行人员需高度重视防小动物工作管理，应与工作负责人做好工作交底，交待注意事项，明确双方的责任与义务。

（1）对于施工作业，要求运行人员到现场办理工作票手续，不得采取电话许可和终结方式。

（2）许可工作时，运行人员应交待防小动物管理要求，工作终结前，施工方应恢复正式封堵或原样封堵，并经运行人员验收合格。

（3）除施工工作票外，为进一步明确双方责任，可增加使用变电站防小动物工作辅助安全措施票（附录B）。具体要求如下：

1）防小动物工作辅助安全措施票应在相应工作票许可后许可，在相应工作票终结前终结。工作结束后双方签名、盖"已执行"章。超过一天的工作，在该票的背面填写每天开工和收工时间，并签名。

2）防小动物工作辅助安全措施票作为工作票的附票使用，由工作负责人和工作许可人各执一份，与相应工作票一起装订保存，并按工作票要求考核。

3）电缆孔洞被打开后，工作负责人应指派专人对室内、外交接处开挖的电缆孔洞自始至终进行看管防范。每日工作间断时，室内与室外之间的隔断必须采取可靠的临时封堵措施。

4）工作完成后，若未对电缆孔洞进行正式封堵，工作负责人应开具一张电缆孔洞正式封堵的第二种工作票留在变电站，方可终结该项工作票。施工方应及时在第二种工作票期限内完成孔洞的正式封堵。

附　　录

附录 A 变电站防小动物工作台账格式

一、防小动物工作台账目录

序号	名　　称	页码	备注
一	防小动物工作台账目录		
二	变电站防小动物工作概况		
三	重点部位孔洞及防小动物设施配置表		
1	××开关室孔洞及防小动物设施配置		
⋮	⋮		
四	重点部位孔洞及防小动物设施分布图		
1	××开关室孔洞及防小动物设施分布图		
⋮	⋮		

二、变电站防小动物工作概况

变电站布局	（描述：半户内、全户内）
周边环境	（描述：村庄、农田、水域、山林、厂矿）
班组负责人	
台账编制人	

三、孔洞及防小动物设施配置表

序号	名　称	单位	数量	规格（型号）	定置编号	备注
1	防鼠挡板	块			开关室挡 3-1 号～n 号	
2	粘鼠板	片			开关室粘 5-1 号～n 号	
3	电缆孔洞	个			1 号～n 号电缆孔洞	
⋮	⋮	⋮			⋮	

注　定置编号为能在现场通过定置编号反映出小室的设施配置总量，编号格式采用"总数－序号"的形式。例如：
　　××开关室共定置的 5 块粘鼠板，则编号如下：开关室粘 5-1 号，其余类推。

四、孔洞及防小动物设施分布图

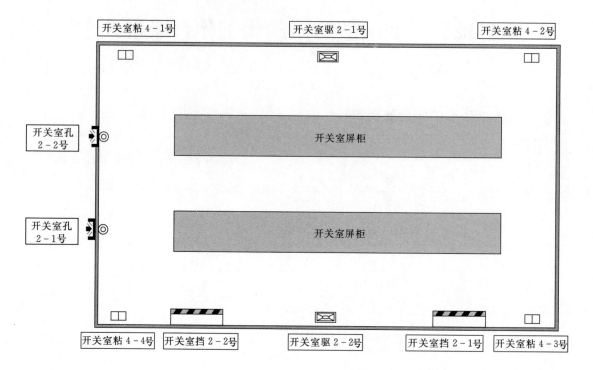

◎—电缆孔洞； ▧—防鼠沙墙； ▭—粘鼠板； ▨—驱鼠器； ▨—防鼠挡板

附录 B　变电站防小动物辅助安全措施票

变电站名称：_____对应的工作票编号：_____

工作地点和工作内容：_____

一、开工前现场交底检查内容

1. 电缆孔洞封堵完好。

2. 施工现场的防小动物设施完备。

3. 施工现场门窗密封良好，防鼠挡板安装到位。

许可时间：_____年____月____日____时____分

工作许可人签名：_____工作负责人签名：_____

二、工作过程及结束时检查内容

1. 需开启电缆孔洞的工作，工作负责人应指派专人进行看管防范，防止小动物进入室内。

2. 工作间断时，施工方应负责对打开的电缆孔洞采取临时封堵措施。对未采取临时封堵措施者，运行人员有权令其整改，直至可靠完成临时封堵。

3. 施工现场的防小动物设施已恢复原状。

4. 施工现场门窗密封检查良好，防鼠挡板恢复到位。

三、开工和收工要求

工作时间超过一天，工作负责人及许可人应按上述一和二检查内容进行现场交接检查后，方可再次许可和收回，并在此票的背面填写相关时间并签名。

四、全部工作结束检查内容

1. 施工现场的防小动物设施已恢复原状；现场门窗密封检查良好，防鼠挡板恢复原位。

2. 电缆孔洞已用相应材料封堵完好；电缆沟防小动物沙池（坑）、电缆盖板均已恢复。

3. 工作完成后，若未对电缆孔洞进行永久性封堵，工作负责人应开具一张电缆孔洞永久封堵的第二种工作票留在变电站，方可终结该项工作票。

终结时间：_____年____月____日____时____分

工作负责人签名：_____工作许可人签名：_____

五、备注说明

_____

_____

（此表格打印在变电站防小动物辅助安全措施票的背面）：

收工时间	工作负责人	工作许可人	开工时间	工作许可人	工作负责人

参 考 文 献

［1］　Q/GDW 1799.1—2013　国家电网公司电力安全工作规程（变电部分）［S］. 北京：中国电力出版社，2013.

［2］　浙江省电力公司. 浙江省电力系统调度控制管理规程，2013.

［3］　国家电网人力资源部组. 变电运行（110kV 及以下）［M］. 北京：中国电力出版社，2010.

［4］　国家电网人力资源部组. 变电运行（220kV）［M］. 北京：中国电力出版社，2010.

［5］　Q/ZDJ 56—2006　电气倒闸操作作业规范［S］. 2006.

［6］　Q/ZDJ 57—2006　变电工作票作业规范［S］. 2006.

［7］　国家电网公司. 无人值守变电站管理规范（试行）. 国家电网生〔2008〕1261号.

［8］　Q/GDW 1168—2013　输变电设备状态检修试验规程［S］. 北京：中国电力出版社，2013.